staub
鑄鐵鍋 自宅麵包烘焙術

池田愛實

楓葉社

前言

　　用 staub 鑄鐵鍋烤麵包，是我堅持已久的作法之一。起初只是在自家開設的麵包教室中，想知道使用瓦斯烤箱或無蒸氣烤箱的學生，是否能夠在家裡順利烤出鄉村麵包所做的嘗試，沒想到這竟成了往後我偏愛使用 staub 鑄鐵鍋烤麵包的契機。

　　想要烤出好吃的硬麵包，最重要的就是蒸氣。雖然麵包店的烤箱只要一個按鈕就能釋放大量蒸氣，但家用烤箱能釋放充足蒸氣的機種卻屈指可數。我過去除了電烤箱的蒸氣功能外，也做過加入熱水、噴霧等各種嘗試，只是沒想到改用 staub 鑄鐵鍋，竟然什麼都不用做，只要放到鍋子裡蓋起來，就能烤出飽滿鬆軟、割紋漂亮的麵包！真是劃時代的作法呢。

　　我也試過用鑄鐵鍋來烤軟麵包，可能是因為受熱溫和而均勻，同樣也能烤出濕潤綿軟的麵包。烤得圓滾滾的造型可愛得不得了！雖說前提是麵團必須發酵狀態良好，但用鑄鐵鍋烤麵包不僅較不容易失敗，而且每個吃到麵包的人都讚譽有加，所以在重要時刻，我總是會用鑄鐵鍋來烤麵包。

　　在那之後，我受邀成為「Zwilling」（德國雙人）廚藝教室中，教授如何用 staub 鑄鐵鍋烤麵包的外部講師，而我也因此更加喜愛鑄鐵鍋了。直接端上餐桌也絲毫不突兀的優雅外觀打動了我的心，而且除了麵包外，還能以無水烹調的方式製作各類小菜，甚至連煮白飯也是輕而易舉！staub 鑄鐵鍋可說是我家廚房裡最活躍的明星。

　　現在，就算沒人拜託我，我也會四處推薦 staub 鑄鐵鍋。我的招牌名言就是「鍋子即財產」（笑）。家電遲早都會損壞，但鍋子卻能久用不壞。雖然換購高價烤箱需要勇氣，但若是買鍋子，壓力或許會小一點。各位不妨買一個尺寸適合自己的鑄鐵鍋，試著活用在麵包烘焙等用途上吧。

part 1

CONTENTS

part 2

· 本書使用的計量單位為
1大匙＝15㎖、1小匙＝5㎖、1杯＝200㎖。
· 材料中的水使用的是濾淨後的自來水。
若要使用礦泉水，請使用軟水。
· 烤箱使用的是電烤箱。若使用瓦斯烤箱，建議烘焙的
溫度再降低20℃。
不過，溫度與烘焙時間只是大概的基準，由於不同的
熱源與機種會有些許差異，因此請觀察烘焙情況，適
時進行調整。
· 每個烤箱機種的發酵功能不盡相同，請參照烤箱的使
用說明書。

為何要用 staub 鑄鐵鍋烤麵包

staub 的琺瑯鑄鐵鍋以法國傳統工藝所製成。
先來了解為何 staub 的鍋子適合烘烤麵包，
又能對麵包產生什麼效果吧。

part 1 硬麵包 (P.14〜)

用 staub 鑄鐵鍋烤鄉村麵包最大的好處是，加蓋可以完全密封鍋子，避免烘烤時的蒸氣逸散。用自家的烤箱直接烘烤鄉村麵包之所以容易失敗，多是因為蒸氣不足導致。麵包表面若因為烤箱的熱風或高溫而變硬，就無法順利膨脹，連割紋也會因此無法完全裂開。為了避免這種情況，就需要透過蒸氣濕潤表面，延遲表面烤硬的時間，然而家用烤箱多半難以釋放出足夠的蒸氣。不過若是放進 staub 的鑄鐵鍋裡並加蓋，麵包本身的水分就會變成蒸氣並停留在鍋內，而且藉由蓋子內側的突起，蒸氣還能在鍋內均勻循環，因此即便沒有烤箱的蒸氣功能，僅靠麵包的水分也能讓麵團膨脹到應有的程度，也能產生漂亮的割紋。此外，事先預熱鍋子，可以讓麵包產生更多蒸氣，同時也能進一步加強下火，因此即使是水分較多的麵團也不會鬆弛，可在加強下火的狀態下完整膨脹。

如果直到最後都蓋著鍋蓋烘烤，會使麵團處在悶燒狀態，所以後半要打開蓋子，烤出漂亮的烤色。

鍋蓋的把手為金屬製，耐熱性良好，可以在加蓋後直接送入烤箱烘烤到 250℃。可對應的熱源有直火、IH 電磁爐、電磁爐、黑晶爐與烤箱。

part 2 軟麵包 (P.48～)

staub鑄鐵鍋也適合烘烤添加了油脂的軟麵包。雖然在本書中都採用不加蓋的烘烤方式，不過因為鍋子有厚度且導熱均勻，所以即使不加蓋，麵包也能完整受熱，烤出柔軟濕潤的口感。不揉麵的作法所做出來的麵包往往會有麵筋太弱、吃起來乾硬的問題，不過放進鍋內再烘烤，側面就不會直接碰到火，因此麵團不會變乾，爐內膨脹完整，烘烤後的烤色也均勻許多。

另外鍋子本身兼具模具的作用，所以就算是水分多的麵團也一定能烤出漂亮的圓形，令人放心。

內側有凹凸不平的特殊琺瑯加工（粗糙黑瓷釉加工），保養相當方便。顏色是黑色，放進高溫烤箱中也不用在意鍋具變色的問題。

若要蓋上鍋蓋，鎖住麵團水分的話，鍋蓋內側的圓形與迴力標形釘點可以使烘焙中的高溫蒸氣在鍋內循環，避免麵團乾燥，並增強麵團的膨脹能力。

如何挑選 staub 鑄鐵鍋尺寸

在本節先來了解，不同的鍋具尺寸能烤出多少份量的麵包吧。
想要購買鍋具的人也一定要確認鍋子是否能放進烤箱內。

Pico Cocotte Round 圓形鑄鐵鍋
18 cm

寬24 × 高13.5 cm

鍋底直徑14.9 cm

容量1.7 ℓ

麵粉量為200～230g。本書基本上都使
用這個尺寸。想要烤全家能吃得完的份
量，這個尺寸最為合適。

Pico Cocotte Round 圓形鑄鐵鍋
20 cm

寬26.5 × 高14.5 cm

鍋底直徑16.1 cm

容量2.2 ℓ

麵粉量為260～300g，可放進18 cm約
1.3倍的麵團。這是最標準的尺寸，對
3～4人家庭來說，很適合用在烤麵包與
一般料理的烹飪上。

Pico Cocotte Round 圓形鑄鐵鍋
22 cm

寬28.5 × 高15 cm

鍋底直徑17.1 cm

容量2.6 ℓ

麵粉量為300～345g，可放進18 cm約
1.5倍的麵團。這個尺寸可以烤較大的
麵包，適合派對或多個家庭的聚會等人
數較多的場合。

Pico Cocotte Round 圓形鑄鐵鍋
10 cm

寬13 × 高7 cm

鍋底直徑7.5 cm

容量0.25 ℓ

本書P.88之後是使用這款。麵粉量為
70g，最適合烤一人份的麵包。由於鍋
底較小，要注意可能難以放在爐架上，
或可能無法用IH爐加熱。

Blazer Saute Pan 鑄鐵淺燉鍋
24 cm

寬31.7 × 高11.6cm

鍋底直徑18.5cm

容量2.4ℓ

本書用於P.84的肉桂捲，麵粉量與22 cm的Pico Cocotte Round相同。鍋底寬淺，可以排列許多小麵團一起烘烤，因此適合烘烤可以讓許多人手撕享用的麵包。

若要使用 staub 的其他鍋具

使用Pico Cocotte Round圓形鑄鐵鍋以外的鍋具也能烘烤麵包。
請參考相近的鍋具容量來調整材料的份量吧。

Pico Cocotte Oval 橢圓鑄鐵鍋

相當受歡迎的橢圓形鑄鐵鍋，蔬菜或魚可以直接放進去，無需經過裁切。Pico Cocotte Oval 23 cm可以做出與Pico Cocotte Round 22 cm差不多份量的麵包。如果用來烤葉片或長條割紋（參照P.21）的鄉村麵包，看起來會很可愛。

Wa - NABE 和食鑄鐵鍋

造型圓潤的Wa-NABE可使用M與L兩種尺寸，前者可做出與18 cm，後者可做出與20 cm的Pico Cocotte Round相同份量的麵包。由於鍋底直徑較小，而且較為圓潤，因此可以烘烤形狀圓滾滾的麵包。

staub 鑄鐵鍋烤麵包
Q&A

由於經營麵包教室，我常會聽見學生各式各樣的問題。
我在這裡整理了烘烤麵包的訣竅，以及讓麵包吃起來更
好吃的秘訣，各位在製作麵包時不妨參考這個專欄。

Q

鄉村麵包裂不出割紋，
有能讓割紋漂亮裂開的
方法嗎？

A

雖然割紋沒有裂開的麵包不算失
敗，但能夠裂開還是比較令人開
心。想讓割紋裂開，麵團扎實、
飽滿、富有彈性是很重要的。
整形時請意識到麵團表面必須保
持飽滿這一點。另外，相較於冬
天，夏天氣溫比較高，麵團容易
鬆弛，也就使得割紋難以裂開，
這個時候可以在二次發酵的最後
20分鐘裡，將麵團改放到冰箱
中發酵，便可改善這個問題。黑
麥、茶葉或可可粉等粉類也具有
收緊麵團的效果，建議製作麵團
時可以適時添加進去。

Q

以長時間發酵
製作的理由是？

A

花費較長的時間讓麵團發酵，水
分才能完整滲透小麥粉每個角
落，做出濕潤綿彈的口感，而且
還能發揮出小麥原有的美味。另
外也有很多人覺得比起在室溫中
發酵的麵包，在低溫中發酵的麵
包更能吃出麵包的甘甜與鮮味，
據說這是酵素的作用所產生的
影響。將麵包製作的過程分成2
天，也不會長時間被麵包給綁
住，可以帶著輕鬆的心情製作麵
包。

Q

如果不想放在冰箱裡發
酵一個晚上，想當天就
烤好的話該怎麼做？

A

時間不多時，也能在當天就將麵
包烤好。翻麵（參照P.17）後將麵
團直接放置在室溫下，等麵團膨
脹到2～2.5倍。比起冷藏發酵，
此時麵團的溫度較高，因此二次
發酵的時間請縮短10分鐘左右。

Q

如果麵團沒有發酵好
該怎麼辦？

A

隔天發現放在冰箱蔬果室的麵團
膨脹得大到冒出氣泡，或完全沒
有膨脹起來……就要回頭檢視
水溫是否有調整好。麵包的發酵
與溫度有密切關聯，尤其是盛夏
或隆冬時麵團會受到室溫嚴重影
響，太熱會發酵過頭，太冷則沒
辦法順利發酵。攪拌完成的麵團
理想溫度應該要是23～26℃。以
下會介紹獲得理想水溫的算式，
還請各位在製作麵包時參考算
式，小心調整水溫再加進麵團中。

Q

其他鍋具也能用來
烘烤麵包嗎？

A

雖然staub以外的琺瑯鑄鐵鍋也能
烤，不過因為烤鄉村麵包時必須
連同鍋蓋放進烤箱，因此鍋蓋把
手需要良好的耐熱性。staub鑄鐵
鍋不僅導熱優秀、密閉性佳，受
熱也相當均勻，而且鍋蓋內側有
圓形或迴力標形的突起，讓蒸氣
更容易循環，特別適合烤鄉村麵
包。

Q

請教我冷凍麵包，
以及讓麵包更好吃的
解凍方法。

A

烘焙完成的麵包若到了隔天還吃
不完，就要盡早冷凍，才能保持
麵包的美味。先將麵包分裝成一
次能吃完的份量，再用保鮮膜包
起來並裝進保鮮袋裡，這樣就能
避免冷凍庫內的味道沾染到麵包
上。解凍時採用自然解凍，時間
較趕時則可以先用微波爐稍微加
熱後，在麵包上噴水霧，放進事
先預熱好的烤麵包機烘烤。如果
將表皮放在靠近熱源的地方，表
皮就能烤得酥脆，麵包裡面也不
會變得太硬。

[關於水溫]

60－室溫－麵粉溫度＝水的溫度

放在室溫下的麵粉，溫度與室溫
相同，而放在冰箱中保存的麵粉
則以7℃來計算。
若所需的水溫可能會變成0℃以下
時，麵粉請放到冰箱冷藏。
例1：
室溫15℃，麵粉保存於室溫時
60－15－15＝水溫30℃
例2：
室溫30℃，麵粉保存於室溫時
60－30－30＝0℃
為免水溫變成這樣，麵粉需要放
到冰箱冷藏。

本書使用的材料與基本工具

1 調理盆
在攪拌麵團，或讓鄉村麵包的麵團二次發酵時會用到。二次發酵時請使用與烘焙的鍋子差不多大小的調理盆。

2 刮板
在攪拌產生黏度的麵團，或從調理盆裡取出麵團、切割麵團時都會用到。只要一片刮板就能做很多事，相當方便。

3 橡膠刮刀
剛開始攪拌麵團時使用。握柄很長，麵粉不會沾手。

4 打蛋器
用於將乾酵母溶於水中。

5 烘焙用毛刷
用於將蛋液塗到麵包上。

6 麵包割紋刀
雖然也能用鋒利的小菜刀代替，不過割紋刀即使在柔軟的麵團上也能輕鬆劃出割紋，非常推薦。可在烘焙材料行購買。

7 濾茶網
可用來將手粉篩得均勻。

8 揉麵墊
若沒有準備揉麵墊也可以直接放在作業台上，只是有墊子的話清理比較輕鬆。

9 烘焙紙
鋪在鍋子內側，這樣麵團就不會黏鍋。

10 溫度計
溫度是發酵至關重要的條件。用來測量將水揉進麵團時的水溫。

11 隔熱手套
出爐時由於鍋子溫度很高，厚實又能隔絕熱度的手套是必需品。

12 電子秤
若有能測量0.5g以下的電子秤，就能做出份量更精確的麵包。

13 噴霧器
在噴濕麵團、撒上配料時使用。

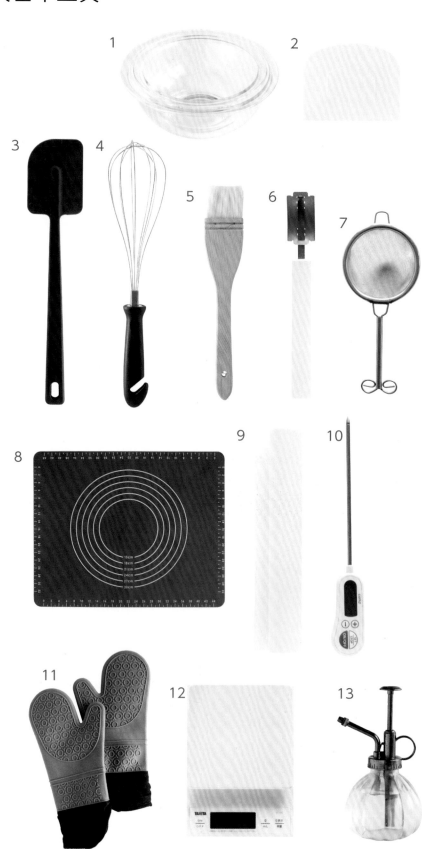

[粉類]

我主要使用日本產的小麥粉，能做出彈牙又具有甘甜芬芳的麵包。雖然也能替換成其他小麥粉，但不同麵粉的吸水性可能會有若干差異。

1 高筋麵粉
（春豐合舞）

2 準高筋麵粉
（TYPE ER）

3 低筋麵粉
（北海道產低筋麵粉　Dolce）

4 全粒粉
（北海道產全粒粉　北國之香）

5 黑麥全粒粉
（Wangerland 黑麥細磨麵粉）

1　　2　　3

4　　5

[鹽與砂糖]

既然自己在家做，就想要用講究的鹽與砂糖，尤其是鹽能為麵包增添風味，所以我建議使用品質較佳的鹽。1小匙鹽約為5g（½為2.5g）。砂糖使用上白糖或細砂糖都OK。

6 蓋朗德海鹽（細鹽）

7 素焚糖

8 黑糖

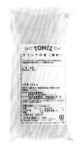  

6　　7　　8

[油脂]

油具有軟化麵團的效果。製作麵包基本上使用無臭無味的油，只有在想添加奶油風味時才使用奶油。另外，若沒有特別標注，奶油請使用無鹽奶油。

9 玄米油

10 無鹽奶油

9　　10　　11

[乾酵母]

使用發酵力穩定，通稱「紅SAF」的乾酵母。1小匙約為3g。

11 SAF 即用乾酵母　紅裝

[用來混進麵團中或當作裝飾使用的材料]

書中使用了果乾、起司、核桃、芝麻、香辛料與香料植物等等。除此之外，也用到紅茶與焙茶的茶葉。

13

part 1
硬麵包

將置於冰箱中經過長時間低溫發酵的麵團放進 staub 鑄鐵鍋裡，蓋上鍋蓋再送入烤箱中。蒸氣不僅讓割紋漂亮地裂開，也讓口感吃起來外皮酥脆，內裡鬆軟。

基礎的鄉村麵包
作法 → P.16

基礎的鄉村麵包

這是外皮酥脆，內裡鬆軟的原味鄉村麵包。先從最基礎的作法開始學習吧。
Part 1 的所有麵包都只有更換麵粉或內餡而已，作法幾乎都是相同的。

材料	18 cm	20 cm	22 cm
高筋麵粉	230 g	300 g	345 g
鹽	4 g	5 g	6 g
砂糖	6 g	8 g	9 g
乾酵母	0.75 g *	1 g	1 g
水	175 g	230 g	260 g

＊0.75 g = ¼小匙

 ## 揉麵

1　準備材料。
＊雖然各自測量、準備每項材料也可以，但其實習慣後只要把調理盆放在秤上面，就可以一邊加入材料一邊測量，這樣要洗的調理盆比較少，收拾起來也更輕鬆。

2　調理盆中放進量好的乾酵母。

3　加水。
＊關於水溫請參照P.11的Q＆A。

4　用打蛋器攪拌乾酵母與水。
＊就算沒有完全溶解也沒關係，只要稍微攪拌一下就可以了。

5　加進砂糖。

6　加進高筋麵粉。

7 加進鹽。

8 用橡膠刮刀攪拌。

9 攪拌到沒有粉狀感後，就很難用橡膠刮刀繼續攪拌了。

10 開始產生黏性，刮刀難以攪拌時，就改用刮板，繼續攪拌約3分鐘，直到不再有粉塊為止。

11 當粉狀感消失，整塊麵團呈現濕黏的狀態，就是攪拌完成了。

12 包上保鮮膜，靜置於室溫下30分鐘。

13 用沾濕的手將盆邊的麵團捏起來。

14 捏起來的麵團朝麵團中央摺進去。這個動作要沿著盆邊做一圈半。

＊這個動作稱為翻麵，有增強麵團的麵筋，讓麵團膨脹更順利的效果。

15 把整個麵團翻過來，使光滑的面朝上。

一次發酵

16 包上保鮮膜，再次靜置於室溫 30分鐘。

17 在麵團的頂部位置貼上紙膠帶 等做個標記，然後放進冰箱蔬果室裡 最短6小時～最長2天，讓麵團發酵。

18 膨脹到兩倍以上後就發酵完畢 了。將麵團從冰箱取出，在室溫下放 置30分鐘（若室溫超過25℃，那麼直接 進入整形步驟也可以）。

＊如果麵團沒什麼膨脹，就放在室溫中直到 麵團膨脹起來。

○ 整形

19 在麵團表面撒上手粉（高筋麵 粉，額外份量），然後將刮板插進調理 盆與麵團之間環繞一圈，將麵團從調 理盆中剝離。

20 把調理盆倒蓋，用手指或刮板 協助把麵團倒出來。取出麵團時盡量 輕柔一些。

21 接下來要為麵團整形。

22 從麵團邊緣往中心摺疊。

23 一邊摺疊麵團一邊改變位置， 直到環繞麵團一圈。

24 這是摺疊完麵團一圈的樣子。

25 把麵團整個翻過來。

26 將表面的麵團塞入麵團的下方，並將麵團收成光滑的圓形，使麵團結實而有張力。接著暫時讓麵團休息。

準備

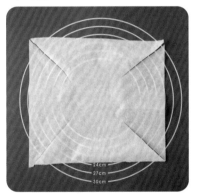

27 將烘焙紙裁切成比鍋子大一圈的方形，然後從四個角往中心剪出缺口。

28 烘焙紙鋪在與鍋子差不多大小的調理盆中，突出來的部分用剪刀剪掉（避免紙張夾在鍋蓋與鍋子間，造成氣密性下降）。

29 再次將麵團往下方塞，整理成圓形，使表面飽滿而光滑。這麼做可以讓割紋更容易裂開，烤好之後的形狀也會更漂亮。

30 麵團表面緊實而有張力，形狀飽滿的樣子。

31 把麵團整個翻過來。

32 將摺疊後的收口捏緊，關閉收口。

二次發酵

33 收口朝下,將麵團放進鋪好烘焙紙的調理盆中。

34 包上保鮮膜,放在室溫中發酵45分鐘＊。

＊若室溫為30℃左右,那麼在室溫下靜置25分鐘後可以放進冰箱,繼續放置20分鐘發酵,這樣麵團就不會垮掉,割紋也更容易裂開。

預熱

35 在送入烤箱烘烤的20分鐘以前,先將一片烤箱的烤盤與鍋子放進去,事先預熱到250℃。

36 當麵團膨脹到大了整整一圈後,就完成二次發酵了。

⊕ 裝飾

37 麵團表面用濾茶網篩進手粉(高筋麵粉,額外份量)。

38 用割紋刀的刀刃尖角,在麵團表面劃出十字形的割紋。

39 想劃出清晰美觀的割紋,關鍵在於動作要精準有力。深度約5mm。十字形的中心交叉部分最好再多劃一次,以彌平高低差,這樣烘烤後割紋更能均勻。

烘烤

40 從烤箱中取出鍋子,並拿開鍋蓋(因為鍋子非常燙,一定要戴上隔熱手套,並小心燙傷)。

41 手捏著烘焙紙的對角,把麵團移到鍋中。

42 麵團放進鍋子裡的狀態。

43 戴上隔熱手套並把鍋蓋蓋上,再次將鍋子送進烤箱中,用250℃(若烤箱最高溫度低於250℃,就用最高溫度)烘烤22分鐘。接著移開鍋蓋,用230℃烘烤約22分鐘,烤到麵包變成自己喜歡的烤色為止。

＊20cm為有蓋25分鐘＆無蓋25分鐘。22cm為有蓋25分鐘＆無蓋30分鐘。

44 從烤箱中取出鍋子,再捏著烘焙紙的邊緣取出麵包,放到網架上冷卻。

烘烤完成

割紋的種類

不同的割紋不僅讓麵包外觀看起來更多樣,膨脹的方式也會產生差異。

十字

斜線

愛心

井字

四葉草

葉片

迷迭香

一條線

格紋

米字

正統鄉村麵包

如果使用準高筋麵粉，外皮吃起來會更爽脆，口感更為正宗。
這裡我混入全粒粉與黑麥粉，讓麵包更接近味道樸素的傳統法式鄉村麵包。

材料	18 cm	20 cm	22 cm
準高筋麵粉	180 g	240 g	275 g
黑麥粉	25 g	30 g	35 g
全粒粉	25 g	30 g	35 g
鹽	4 g	5 g	6 g
砂糖	6 g	8 g	9 g
乾酵母	0.75 g *	1 g	1 g
水	175 g	230 g	260 g

＊0.75 g = ¼ 小匙

⊖ 揉麵

1 調理盆中依照順序放進量好的乾酵母與水，並用打蛋器攪拌。

＊關於水溫請參照 P.11 的 Q & A。

2 接著依照順序加進量好的砂糖、準高筋麵粉、黑麥粉、全粒粉、鹽（a），並用橡膠刮刀攪拌。產生黏性後改用刮板，繼續攪拌到沒有粉狀感為止。

3 包上保鮮膜，在室溫下靜置30分鐘後，用沾濕的手將麵團從盆邊往中央摺疊。摺疊一圈半後，把整個麵團翻過來。

⊖ 一次發酵

4 包上保鮮膜後，繼續在室溫中放置30分鐘，接著放進冰箱蔬果室，放置最短6小時～最長2天。

5 麵團膨脹到兩倍以上後便發酵完成。從冰箱取出麵團，在室溫下靜置30分鐘。

＊室溫若在25℃以上，麵團不用回復到室溫，直接整形即可。

○ 整形

6 麵團表面撒上手粉（高筋麵粉，額外份量），然後將刮板插進麵團與調理盆之間，分離麵團與調理盆，再將調理盆翻過來倒出麵團。

7 麵團從邊緣往中心摺疊，然後收成圓形。接著把整個麵團翻過來，繼續將邊緣收攏，使麵團表面呈現緊實飽滿的狀態。

8 在烘焙紙四個角剪出缺口，然後鋪到與鍋子差不多大小的調理盆中。

9 再次將麵團收成圓形，使表面看起來光滑，然後捏緊並關閉收口。最後收口朝下，放進8的調理盆中。

⊖ 二次發酵

10 包上保鮮膜，靜置室溫下45分鐘等待麵團發酵。

▤ 預熱

11 在烘烤的20分鐘前，把鍋子與烤盤放進烤箱裡預熱到250℃。

⊕ 裝飾

12 麵團表面撒上手粉（高筋麵粉，額外份量），劃出割紋。

▤ 烘烤

13 從烤箱中取出鍋子（鍋子很燙，請小心燙傷），接著連同烘焙紙把麵團放進鍋中，蓋上鍋蓋用250℃烤22分，然後移開蓋子再用230℃烤約22分鐘。

＊20 cm 為有蓋25分鐘 & 無蓋25分鐘。
22 cm 為有蓋25分鐘 & 無蓋30分鐘。

a

麩皮鄉村麵包

用小麥最外側的表皮磨粉製成的「麩皮」，不僅低醣，也含有豐富膳食纖維。
由於麩皮不含麵筋，麵團會變得相當黏手，整形時要盡量小心，以免麵團破裂。

材料	18 cm	20 cm	22 cm
高筋麵粉	180 g	235 g	270 g
麩皮	50 g	65 g	75 g
鹽	4 g	5 g	6 g
砂糖	6 g	8 g	9 g
乾酵母	0.75 g＊	1 g	1 g
水	190 g	245 g	285 g

＊ 0.75 g ＝ ¼小匙

⊖揉麵～🍲烘烤

作法與 P.16～基礎的鄉村麵包步驟
1～44相同，差別只在揉麵時，
麩皮要與高筋麵粉一同加進去（a）。
小麥表皮製成的「麩皮」有著獨特
的味道，因此我只將麵粉的約20%
替換成麩皮，設計成更容易入口的
食譜。

a

大蒜奶油鄉村麵包

在鄉村麵包的割紋裡塗上大蒜奶油後再烘烤，烤後的香氣令人食指大動。
由於油脂會讓麵團變得不易沾黏，所以也有使割紋更容易打開的效果。

材料	18 cm	20 cm	22 cm
基礎的鄉村麵包麵團（P.16）			
配料			
鹽	2 g	2.5 g	3 g
有鹽奶油	20 g	25 g	30 g
大蒜（磨泥）	½瓣份	½瓣份	⅔瓣份

⊖揉麵～♨預熱

1 作法與 P.16～基礎的鄉村麵包步
驟 1～34相同。

準備

2 製作配料。先將有鹽奶油回復至
室溫，使其軟化，再與剩下的材料
一同混合。

⊕裝飾

3 麵團表面撒上手粉（高筋麵粉，額
外份量），並劃開割紋後，用湯匙在
割紋內側塞進配料（a）。

🍲烘烤

4 作法與 P.21基礎的鄉村麵包步驟
40～44相同。

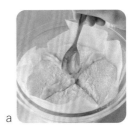

a

起司鄉村麵包

包進了滿滿的香濃起司，與鄉村麵包可說是絕佳搭配。
由於會融化的起司在麵包內會造成很大的空洞，因此我推薦使用硬質起司。

材料	18 cm	20 cm	22 cm
基礎的鄉村麵包麵團 (P.16)			
起司（同時使用紅切達起司、豪達起司等）	70 g	90 g	105 g

準備

1 起司切成2㎝的切丁。

◯揉麵

2 調理盆中依照順序放進量好的乾酵母與水，並用打蛋器攪拌。
＊關於水溫請參照P.11的Q＆A。

3 接著依照順序加進量好的砂糖、高筋麵粉、鹽，並用橡膠刮刀攪拌。產生黏性後改用刮板，繼續攪拌到沒有粉狀感為止。

4 包上保鮮膜，在室溫下靜置30分鐘後，用沾濕的手將麵團從調理盆邊往中央摺疊。摺疊一圈半後，把整個麵團翻過來。

◯一次發酵

5 包上保鮮膜後，繼續在室溫中放置30分鐘，接著放進冰箱蔬果室，放置最短6小時～最長2天。

6 麵團膨脹到兩倍以上後便發酵完成。從冰箱取出麵團，在室溫下靜置30分鐘。
＊室溫若在25℃以上，麵團不用回復到室溫，直接整形即可。

◯整形

7 麵團表面撒上手粉（高筋麵粉，額外份量），然後將刮板插進麵團與調理盆之間，分離麵團與調理盆，再將調理盆翻過來倒出麵團。

8 麵團從邊緣往中心摺疊，然後收成圓形。接著把整個麵團翻過來，繼續將邊緣收攏，使麵團表面呈現緊實飽滿的狀態。

9 在烘焙紙四個角剪出缺口，鋪到與鍋子差不多大小的調理盆中。

10 分3次把起司包進麵團。首先，將麵團摺疊後的收口朝上放置，並將麵團壓平。接著一半的麵團放上 ⅓ 量的起司，然後對折（a）。對折後，麵團的一半繼續放上 ⅓ 量的起司，再次進行對折（b）。最後麵團放上剩下的起司，用雙手從邊緣往中心收攏麵團，把麵團整理成圓形（c）。

11 捏緊並關閉麵團的收口，然後收口朝下放進 **9** 的調理盆中。

◎二次發酵

12 包上保鮮膜，靜置於室溫下45分鐘讓麵團發酵。

◎預熱

13 在烘烤的20分鐘前，把鍋子與烤盤放進烤箱裡預熱到250℃。

⊕裝飾

14 麵團表面撒上手粉（高筋麵粉，額外份量），劃出割紋。

◎烘烤

15 從烤箱中取出鍋子（鍋子很燙，請小心燙傷），接著連同烘焙紙把麵團放進鍋中，蓋上鍋蓋用250℃烤22分，然後再移開蓋子再用230℃烤約22分鐘。

＊20㎝為有蓋25分鐘＆無蓋25分鐘。
22㎝為有蓋25分鐘＆無蓋30分鐘。

a

b

c

芝麻地瓜鄉村麵包

在麵包裡包進大量甜味溫和的甜煮地瓜，味道與黑芝麻可說是絕配。
無需任何沾醬或配料就很好吃，直接當成零嘴也很不錯。

材料	18 cm	20 cm	22 cm
基礎的鄉村麵包麵團（P.16）			
黑芝麻	18 g	23 g	27 g
甜煮地瓜			
地瓜（帶皮）	130 g	170 g	200 g
砂糖	35 g	45 g	50 g
水	70 g	90 g	100 g

準備

1 首先製作甜煮地瓜。仔細清洗地瓜，連皮一起切成 1.5 cm 的地瓜丁，然後泡在水裡約 10 分鐘去除雜質。接著瀝乾水分，與水和砂糖一同放進耐熱的調理盆裡，再輕輕包上一層保鮮膜，放進微波爐用 600 W 加熱 3 分鐘（20 cm 的份量為 3 分半，22 cm 的份量為 4 分）（a）。最後直接放置到冷卻，讓砂糖入味，再用廚房紙巾把水分吸乾。

揉麵

2 調理盆中依照順序放進量好的乾酵母與水，並用打蛋器攪拌。

＊關於水溫請參照 P.11 的 Q & A。

3 接著依照順序加進量好的砂糖、高筋麵粉、黑芝麻、鹽，並用橡膠刮刀攪拌。產生黏性後改用刮板，繼續攪拌到沒有粉狀感為止。

4 包上保鮮膜，在室溫下靜置 30 分鐘後，用沾濕的手將麵團從調理盆邊往中央摺疊。摺疊一圈半後，把整個麵團翻過來。

一次發酵

5 包上保鮮膜後，繼續在室溫中放置 30 分鐘，接著放進冰箱蔬果室，放置最短 6 小時～最長 2 天。

6 麵團膨脹到兩倍以上後便發酵完成。從冰箱取出麵團，在室溫下靜置 30 分鐘。

＊室溫若在 25℃ 以上，麵團不用回復到室溫，直接整形即可。

整形

7 麵團表面撒上手粉（高筋麵粉，額外份量），用刮板輕柔地將麵團取出。

8 麵團從邊緣往中心摺疊，收成圓形。接著把整個麵團翻過來，繼續將邊緣收攏，使麵團表面呈現緊實飽滿的狀態。

9 在烘焙紙四個角剪出缺口，鋪到與鍋子差不多大小的調理盆中。

10 讓麵團的收口朝上，並將麵團壓平，接著把 ⅓ 量的甜煮地瓜放在一半的麵團上（b），並對折麵團。對折後，一半的麵團繼續放上 ⅓ 量的甜煮地瓜（c），然後再次對折麵團。對折後放上剩下的甜煮地瓜

（d），並用雙手從邊緣往中心收攏麵團。最後捏緊並關閉麵團的收口，然後收口朝下放進步驟 **9** 的調理盆中。

二次發酵

11 包上保鮮膜，靜置於室溫下 45 分鐘讓麵團發酵。

預熱

12 在烘烤的 20 分鐘前，把鍋子與烤盤放進烤箱裡預熱到 250℃。

裝飾

13 在麵團表面撒上手粉（高筋麵粉，額外份量），劃出割紋。

烘烤

14 從烤箱中取出鍋子（鍋子很燙，請小心燙傷），接著連同烘焙紙把麵團放進鍋中，蓋上鍋蓋用 250℃ 烤 22 分，然後移開蓋子再用 230℃ 烤約 22 分鐘。

＊20 cm 為有蓋 25 分鐘＆無蓋 25 分鐘。
22 cm 為有蓋 25 分鐘＆無蓋 30 分鐘。

a

b

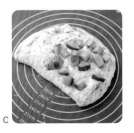
c

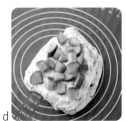
d

味噌鄉村麵包

我回想曾在巴黎的麵包店吃過的味噌黑麥鄉村麵包，並嘗試加入核桃，完成這款風味獨特的麵包。
味噌讓麵包表皮在烘烤後帶著濃郁的焦香味。

材料	18 cm	20 cm	22 cm
準高筋麵粉	200 g	260 g	300 g
黑麥粉	30 g	40 g	45 g
砂糖	6 g	8 g	9 g
乾酵母	0.75 g *	1 g	1 g
水	175 g	230 g	260 g
味噌	40 g	52 g	60 g
核桃	50 g	65 g	75 g

* 0.75 g = ¼小匙

準備

1 核桃先用 170℃ 烤箱烤 8 分鐘，然後放置冷卻（a）。味噌先溶到水中（b）。

🍥揉麵

2 調理盆中依序放進量好的乾酵母、水與味噌，並用打蛋器攪拌。

＊關於水溫請參照 P.11 的 Q & A。

3 接著依序加進量好的砂糖、準高筋麵粉、黑麥粉，並用橡膠刮刀攪拌。產生黏性後改用刮板，繼續攪拌到沒有粉狀感為止。最後加進核桃，並攪拌均勻。

4 包上保鮮膜，在室溫下靜置 30 分鐘後，用沾濕的手將麵團從調理盆邊往中央摺疊。摺疊一圈半後，把整個麵團翻過來。

🍥一次發酵

5 包上保鮮膜後，繼續在室溫中放置 30 分鐘，接著放進冰箱蔬果室，放置最短 6 小時～最長 2 天。

6 麵團膨脹到兩倍以上後便發酵完成。從冰箱取出麵團，在室溫下靜置 30 分鐘。

＊室溫若在 25℃ 以上，麵團不用回復到室溫，直接整形即可。

◯整形

7 麵團表面撒上手粉（高筋麵粉，額外份量），用刮板輕柔地將麵團取出。麵團從邊緣往中心摺疊並收成圓形後，接著把整個麵團翻過來，繼續將邊緣收攏，使麵團表面呈現緊實飽滿的狀態。

8 在烘焙紙四個角剪出缺口，然後鋪到與鍋子差不多大小的調理盆中。接著再次將麵團收成圓形，使表面光滑飽滿，然後捏緊並關閉收口，收口朝下放進調理盆中。

🍥二次發酵

9 包上保鮮膜，靜置於室溫下 45 分鐘讓麵團發酵。

▣預熱

10 在烘烤的 20 分鐘前，把鍋子與烤盤放進烤箱裡預熱到 250℃。

⊕裝飾

11 在麵團表面撒上手粉（高筋麵粉，額外份量），劃出割紋。

▣烘烤

12 從烤箱中取出鍋子（鍋子很燙，請小心燙傷），接著連同烘焙紙把麵團放進鍋中，蓋上鍋蓋用 250℃ 烤 22 分，然後移開蓋子再用 230℃ 烤約 22 分鐘。

＊20 cm 為有蓋 25 分鐘＆無蓋 25 分鐘。
22 cm 為有蓋 25 分鐘＆無蓋 30 分鐘。

＊味噌使用最一般的米味噌。我選用其中甜度較低、顏色深厚，以簡單的原料所製成的類型。盡量避免使用白味噌。

a

b

蘭姆酒漬葡萄乾大理石紋南瓜鄉村麵包

將揉入南瓜的黃色麵團與原味麵團疊在一起整形，便能做出大理石般的紋路。
最大的特色就是不管怎麼切都有可愛的切面，蘭姆酒漬葡萄乾則可以提味。

材料	18 cm	20 cm	22 cm
原味麵團			
高筋麵粉	100 g	130 g	150 g
鹽	2 g	2.5 g	3 g
砂糖	10 g	13 g	15 g
乾酵母	0.4 g *	0.5 g *	0.5 g *
牛奶	70 g	90 g	105 g
南瓜麵團			
高筋麵粉	100 g	130 g	150 g
南瓜（去皮）	80 g	105 g	120 g
鹽	2 g	2.5 g	3 g
砂糖	10 g	13 g	15 g
乾酵母	0.4 g *	0.5 g *	0.5 g *
牛奶	65 g	85 g	98 g
蘭姆酒漬葡萄乾			
葡萄乾	50 g	65 g	75 g
蘭姆酒	1 大匙	1 大匙	1 ½ 大匙

＊ 0.4 g ＝ ⅛ 小匙 （0.5 g ＝ ⅙ 小匙）

準備

1 將蘭姆酒淋在葡萄乾上，並放置一晚以上。南瓜切成一口大小，並排在耐熱的盤子上，輕輕包上一層保鮮膜，放進微波爐內加熱到軟化，再用叉子壓扁成泥並放置到冷卻。

◯ 揉麵

2 依順序製作南瓜麵團與原味麵團。在各自的調理盆裡依序放進量好的乾酵母與牛奶，並用打蛋器攪拌。
＊關於水溫請參照 P.11 的 Q & A。

3 在其中一個調理盆加進南瓜泥，然後兩個調理盆都依序加進量好的砂糖、高筋麵粉、鹽（a），並用橡膠刮刀攪拌。產生黏性後改用刮板，繼續攪拌到沒有粉狀感為止。

4 麵團各自切成一半，然後交互疊在一起（b）。

5 包上保鮮膜，在室溫下靜置30分鐘後，用沾濕的手將麵團從調理盆邊往中央摺疊。摺疊一圈半，將麵團摺成大理石花紋後（c），把整個麵團翻過來。

◎ 一次發酵

6 包上保鮮膜後，繼續在室溫中放置30分鐘，接著放進冰箱蔬果室，放置最短6小時～最長2天。

7 麵團膨脹到兩倍以上後便發酵完成。從冰箱取出麵團，在室溫下靜置30分鐘。
＊室溫若在25℃以上，麵團不用回復到室溫，直接整形即可。

◯ 整形

8 整形方法與 P.27 起司鄉村麵包的步驟 **7**～**11** 相同。唯一不同的是，分3次包進麵團裡的是步驟 **1** 的葡萄乾。

◎ 二次發酵

9 包上保鮮膜，靜置於室溫下45分鐘讓麵團發酵。

▣ 預熱

10 在烘烤的20分鐘前，把鍋子與烤盤放進烤箱裡預熱到250℃。

⊕ 裝飾

11 在麵團表面撒上手粉（高筋麵粉，額外份量），劃出割紋。

▣ 烘烤

12 從烤箱中取出鍋子（鍋子很燙，請小心燙傷），接著連同烘焙紙把麵團放進鍋中，蓋上鍋蓋用250℃烤22分，然後移開蓋子再用220℃烤約20分鐘。
＊20 cm為有蓋25分鐘＆無蓋22分鐘。
22 cm為有蓋25分鐘＆無蓋25分鐘。

a

b

c

德式黑麥麵包

50%的黑麥粉配方加上優格，讓麵包的口感更為鬆軟綿密。
加進核桃、葡萄乾或凱莉茴香也非常好吃。切成薄片也能當作開放式三明治。

材料	18 cm	20 cm	22 cm
準高筋麵粉	115 g	150 g	172 g
黑麥粉	115 g	150 g	172 g
鹽	4 g	5 g	6 g
砂糖	6 g	8 g	9 g
乾酵母	1.5 g＊	2 g	2 g
水	120 g	155 g	180 g
優格	40 g	50 g	60 g
白芝麻	20 g	26 g	30 g
葵花籽	20 g	26 g	30 g
白芝麻（裝飾用）	適量	適量	適量
黑麥片	適量	適量	適量

＊ 1.5 g＝½小匙

⊜揉麵

1 調理盆中依序放進量好的乾酵母、水與優格，並用打蛋器攪拌。
＊關於水溫請參照 P.11 的 Q & A。
2 接著依序加進量好的砂糖、準高筋麵粉、黑麥粉、鹽，並用橡膠刮刀攪拌。產生黏性後改用刮板，繼續攪拌到沒有粉狀感為止。最後加進白芝麻與葵花籽，並攪拌均勻。
3 包上保鮮膜，在室溫下靜置30分鐘後，用沾濕的手將麵團從調理盆邊往中央摺疊。摺疊一圈半後，把整個麵團翻過來。

⊜一次發酵

4 包上保鮮膜，靜置於室溫下進行一次發酵，直到麵團膨脹為兩倍大為止。室溫若為25℃，時間大約為2個小時。雖然也可以靜置30分後放進冰箱發酵，但因為這款麵包需要更多發酵時間，所以若麵團在冰箱中沒有發酵，可以改放在室溫下，直到大小膨脹為兩倍。

○整形

5 麵團表面撒上手粉（高筋麵粉，額外份量），然後將刮板插進麵團與調理盆之間，分離麵團與調理盆，再將調理盆翻過來倒出麵團。
6 麵團從邊緣往中心摺疊並滾成圓形，接著把整個麵團翻過來繼續滾圓，使麵團表面飽滿光滑。由於混入黑麥的麵團麵筋較弱、質地較硬，因此滾圓時務必細心，以免表面破裂（a）。最後捏緊關閉收口，並在麵團表面噴水霧，然後將麵團放進撒滿黑麥片與白芝麻的烤盤中，讓麵團沾滿麥片與芝麻（b）。
7 將烘焙紙鋪到與鍋子差不多大小的調理盆中，收口朝下放進麵團。

⊜二次發酵

8 包上保鮮膜，靜置於室溫下1小時～1個半小時讓麵團發酵。當表面稍微裂開就是發酵完成的狀態（c）。這個麵包無需劃割紋。

▣預熱

9 在烘烤的20分鐘前，把鍋子與烤盤放進烤箱裡預熱到250℃。

▣烘烤

10 從烤箱中取出鍋子（鍋子很燙，請小心燙傷），接著連同烘焙紙把麵團放進鍋中，蓋上鍋蓋用250℃烤22分，然後移開蓋子再用230℃烤約25分鐘。

＊ 20 cm為有蓋25分鐘＆無蓋30分鐘。
22 cm為有蓋25分鐘＆無蓋35分鐘。

a

b

c

雙重巧克力鄉村麵包

在麵團中混入巧克力，做成香濃的巧克力麵包。
劃出心形的割紋，最適合當作精緻的情人節禮物。搭配莓果類的果醬風味更佳。

材料	18 cm	20 cm	22 cm
高筋麵粉	190 g	250 g	285 g
黑麥粉	20 g	25 g	30 g
可可粉	20 g	25 g	30 g
鹽	4 g	5 g	6 g
砂糖	20 g	26 g	30 g
乾酵母	0.75 g *	1 g	1 g
巧克力（苦）	40 g	52 g	60 g
牛奶	100 g	130 g	150 g
水	110 g	145 g	165 g
巧克力豆	70 g	90 g	105 g

＊ 0.75 g ＝¼小匙

準備

1 巧克力搗成碎塊，與牛奶一同放進小鍋，用中火加熱，並注意不要沸騰。巧克力融化後拿開小鍋，冷卻到接近人體溫度（a）。

◎揉麵

2 調理盆中依序放進量好的乾酵母、水以及步驟 **1** 的巧克力，並用打蛋器攪拌。
＊關於水溫請參照P.11的Q＆A。
3 接著依序加進量好的砂糖、高筋麵粉、黑麥粉、可可粉、鹽，並用橡膠刮刀攪拌。產生黏性後改用刮板，繼續攪拌到沒有粉狀感為止。最後加進巧克力豆，並攪拌均勻。
4 包上保鮮膜，在室溫下靜置30分鐘後，用沾濕的手將麵團從調理盆邊往中央摺疊。摺疊一圈半後，把整個麵團翻過來。

◎一次發酵

5 包上保鮮膜，在室溫中放置45分鐘（巧克力麵團比較難膨脹，所需發酵時間較長）。接著放進冰箱蔬果室，放置最短6小時～最長2天。

6 麵團膨脹到兩倍以上後便發酵完成。從冰箱取出麵團，在室溫下靜置30分鐘。如果沒有膨脹到兩倍大，麵團就繼續放在室溫中發酵。

○整形

7 麵團表面撒上手粉（高筋麵粉，額外份量），然後將刮板插進麵團與調理盆之間，分離麵團與調理盆，再將調理盆翻過來倒出麵團。接著將麵團從邊緣往中心摺疊並滾成圓形，再把麵團翻過來繼續滾圓，使麵團表面飽滿光滑。
8 在烘焙紙四個角剪出缺口，然後鋪到與鍋子差不多大小的調理盆中。接著再次將麵團滾圓，使麵團表面飽滿，最後收口朝下放進調理盆中。

◎二次發酵

9 包上保鮮膜，靜置於室溫下45分鐘讓麵團發酵。

◎預熱

10 在烘烤的20分鐘前，把鍋子與烤盤放進烤箱裡預熱到250℃。

⊕裝飾

11 麵團表面撒上手粉（高筋麵粉，額外份量），然後劃出心形的割紋。劃開割紋時要劃在比想像的形狀更外側一點的地方，這樣烘烤後割紋才能裂得更漂亮（b）。

◎烘烤

12 從烤箱中取出鍋子（鍋子很燙，請小心燙傷），接著連同烘焙紙把麵團放進鍋中，蓋上鍋蓋用250℃烤22分，然後移開蓋子再用230℃烤約22分鐘。
＊20㎝為有蓋25分鐘＆無蓋25分鐘。
22㎝為有蓋25分鐘＆無蓋30分鐘。

a

b

焙茶無花果白巧克力鄉村麵包

在混入滿滿焙茶茶葉與白巧克力的麵團中，包進用焙茶煮過的無花果果肉。
內餡豐富，簡直就像點心一樣。

材料	18cm	20cm	22cm
高筋麵粉	230g	300g	345g
焙茶茶葉（茶包）	1袋（2g）	1袋（2g）	1½袋（3g）
鹽	4g	5g	6g
砂糖	6g	8g	9g
乾酵母	0.75g＊	1g	1g
水（與焙茶煮無花果的汁液合計）	180g	235g	270g
白巧克力	60g	80g	90g
焙茶煮無花果			
無花果乾	60g	80g	90g
焙茶（茶包）	1袋	1袋	1袋
砂糖	20g	25g	30g
水	100g	130g	150g

＊0.75g＝¼小匙

準備

1 首先製作焙茶煮無花果。將無花果乾切半，與其他材料一同放進小鍋中開火熬煮。沸騰後以中火煮10分鐘，接著關火放置到冷卻，並先將汁液保留起來（a）。白巧克力先切成1cm的小塊。

☺揉麵

2 調理盆中依序放進量好的乾酵母、步驟**1**的汁液以及水，並用打蛋器攪拌。

＊關於水溫請參照P.11的Q&A。

3 接著依序加進量好的砂糖、高筋麵粉、焙茶茶葉、鹽，並用橡膠刮刀攪拌。產生黏性後改用刮板，繼續攪拌到沒有粉狀感為止。最後加進白巧克力，並攪拌均勻（b）。

4 包上保鮮膜，在室溫下靜置30分鐘後，用沾濕的手將麵團從調理盆邊往中央摺疊。摺疊一圈半後，把整個麵團翻過來。

☺一次發酵

5 包上保鮮膜，繼續在室溫中放置30分鐘，接著放進冰箱蔬果室，放置最短6小時～最長2天。

6 麵團膨脹到兩倍以上後便發酵完成。從冰箱取出麵團，在室溫下靜置30分鐘。

＊室溫若在25℃以上，麵團不用回復到室溫，直接整形即可。

○整形

7 麵團表面撒上手粉（高筋麵粉，額外份量），然後將刮板插進麵團與調理盆之間，分離麵團與調理盆，再將調理盆翻過來倒出麵團。接著將麵團從邊緣往中心摺疊並滾成圓形，再把麵團翻過來繼續滾圓，使麵團表面飽滿光滑。

8 烘焙紙四個角剪出缺口，然後鋪到與鍋子差不多大小的調理盆中。

9 讓麵團的收口朝上，並將麵團壓平，然後與P.27的步驟**10**相同，分3次將焙茶煮無花果包進去麵團裡（c）。捏緊並關閉麵團的收口，收口朝下放進步驟**8**的調理盆中。

☺二次發酵

10 包上保鮮膜，靜置於室溫下45分鐘讓麵團發酵。

目預熱

11 在烘烤的20分鐘前，把鍋子與烤盤放進烤箱裡預熱到250℃。

⊕裝飾

12 在麵團表面撒上手粉（高筋麵粉，額外份量），劃出割紋。

目烘烤

13 從烤箱中取出鍋子（鍋子很燙，請小心燙傷），接著連同烘焙紙把麵團放進鍋中，蓋上鍋蓋用250℃烤22分，然後移開蓋子再用230℃烤約22分鐘。

＊20cm為有蓋25分鐘＆無蓋25分鐘。
22cm為有蓋25分鐘＆無蓋30分鐘。

a

b

c

杏桃迷迭香鄉村麵包

加進杏桃乾的麵團，帶有一絲迷迭香的清爽香氣。
直接吃就很美味，搭配肉類料理更是一絕。

材料	18 cm	20 cm	22 cm
基礎的鄉村麵包麵團（P.16）			
杏桃乾	50 g	65 g	75 g
迷迭香	3枝	4枝	4 ½枝

準備

1 杏桃乾用熱水簡單燙過後瀝乾水分，然後切半（a）。

🍲揉麵～🍲烘烤

2 作法與P.16基礎的鄉村麵包步驟**1～44**相同，差別只在揉麵時，將麵團攪拌到沒有粉狀感之後，加進杏桃乾與迷迭香的葉片，並攪拌均勻（b）。

a　　b

紅茶蔓越莓芒果鄉村麵包

香氣濃郁的格雷伯爵茶與水果可說是天作之合。這裡使用了蔓越莓與芒果兩種果乾。
這款麵包廣受大家歡迎，我最常拿來當作伴手禮。

材料	18 cm	20 cm	22 cm
高筋麵粉	200 g	260 g	300 g
黑麥粉	30 g	40 g	45 g
鹽	4 g	5 g	6 g
砂糖	6 g	8 g	9 g
格雷伯爵茶葉（茶包）	1袋（2 g）	1袋（2 g）	1½袋（3 g）
乾酵母	0.75 g *	1 g	1 g
水	185 g	240 g	275 g
蔓越莓乾	40 g	50 g	60 g
芒果乾	25 g	30 g	35 g

＊ 0.75 g＝¼小匙

準備

1 芒果乾切成一口大小，並與蔓越莓乾混在一起（a）。

🍲揉麵～🍲烘烤

2 作法與P.16基礎的鄉村麵包步驟**1～44**相同，差別只在揉麵時，格雷伯爵茶葉要與高筋麵粉一同加入攪拌，將麵團攪拌到沒有粉狀感之後，加進芒果乾與蔓越莓乾並攪拌均勻。

a

洛代夫麵包

這是一種以南法的小鎮「洛代夫」為名，在當地廣為流傳的麵包。最大的特色是麵團中的水分較多，內部氣泡也很多。
原本應該要用「levain」（老麵，或稱天然酵母）來製作，不過我更改成能用一般的乾酵母輕鬆製作的版本。

材料	18 cm	20 cm	22 cm
準高筋麵粉	210 g	274 g	315 g
全粒粉	10 g	13 g	15 g
黑麥粉	10 g	13 g	15 g
鹽	4.5 g	6 g	7 g
砂糖	6 g	8 g	9 g
乾酵母	0.75 g＊	1 g	1 g
水	200 g	260 g	300 g

＊0.75 g＝¼小匙

〇 揉麵

1 由於加入的水分較多，因此要先將麵粉與水混在一起，讓麵團提早出筋（水合法）。首先，將所有麵粉與水180 g（20 cm為230 g，22 cm為270 g）放進調理盆裡混合，用橡膠刮刀攪拌，然後包上保鮮膜在室溫下放置30分鐘以上。

＊炎熱時期放進冰箱。最長可以放置24小時。

2 用剩下的水溶解酵母，然後加到步驟**1**的麵團裡，用手仔細搓揉混合（a）。搓揉均勻後加進鹽與砂糖，然後以摺疊的方式繼續手揉麵團約3分鐘，讓鹽與砂糖完全混進麵團中（b）。

3 包上保鮮膜並置於室溫下，隔20分鐘後翻麵2次，讓麵團結合。此時用沾濕的手將麵團從調理盆邊往中央摺疊一圈半。由於麵團很鬆軟，不用整個翻過來也沒關係。

〇 一次發酵

4 包上保鮮膜再繼續置於室溫下20分鐘後，放進冰箱蔬果室，靜置最短6小時～最長2天。

5 麵團膨脹到兩倍以上後便發酵完成。從冰箱取出麵團，在室溫下靜置30分鐘。

＊室溫若在25℃以上，麵團不用回復到室溫，直接整形即可。

〇 整形

6 麵團表面撒上手粉（高筋麵粉，額外份量），然後將刮板插進麵團與調理盆之間，分離麵團與調理盆，再將調理盆翻過來倒出麵團。

7 將麵團從邊緣往中心摺疊並滾成圓形，再把麵團翻過來繼續滾圓，使麵團表面飽滿光滑。

8 在烘焙紙四個角剪出缺口，然後鋪到與鍋子差不多大小的調理盆中。

9 再次將麵團滾圓，使麵團表面飽滿，最後捏緊並關閉收口，收口朝下放進步驟**8**的調理盆中。

〇 二次發酵

10 包上保鮮膜，靜置於室溫下45分鐘讓麵團發酵。

〇 預熱

11 在烘烤的20分鐘前，把鍋子與烤盤放進烤箱裡預熱到250℃。

⊕ 裝飾

12 麵團表面撒上手粉（高筋麵粉，額外份量），劃出割紋。

〇 烘烤

13 從烤箱中取出鍋子（鍋子很燙，請小心燙傷），接著連同烘焙紙把麵團放進鍋中，蓋上鍋蓋用250℃烤22分，然後移開蓋子再用230℃烤約25分鐘。

＊20 cm為有蓋25分鐘＆無蓋28分鐘。
22 cm為有蓋25分鐘＆無蓋32分鐘。

a

b

馬鈴薯藍起司鄉村麵包

拌進馬鈴薯的麵團口感Q彈柔軟，還加入了滿滿的藍起司。
這款鄉村麵包適合搭配葡萄酒，有著成熟深韻的風味。

材料	18 cm	20 cm	22 cm
高筋麵粉	230 g	300 g	345 g
鹽	4 g	5 g	6 g
砂糖	6 g	8 g	9 g
乾酵母	0.75 g *	1 g	1 g
水	180 g	234 g	270 g
馬鈴薯（帶皮）	150 g	200 g	225 g
藍起司	40 g	52 g	60 g

＊0.75 g＝¼小匙

準備

1 馬鈴薯仔細清洗後，連著皮一同包進保鮮膜裡，用微波爐600W加熱2分半（20 cm為3分、22 cm為3分半），然後放涼。接著剝皮，並用叉子大致壓碎到還看得見塊狀的程度（a）。

揉麵

2 調理盆中依序放進量好的乾酵母與水，並用打蛋器攪拌。
＊關於水溫請參照P.11的Q＆A。
3 接著依序加進量好的馬鈴薯、砂糖、高筋麵粉、鹽（b），並用橡膠刮刀攪拌。產生黏性後改用刮板，繼續攪拌到沒有粉狀感為止。
4 包上保鮮膜，在室溫下靜置30分鐘後，用沾濕的手將麵團從調理盆邊往中央摺疊。摺疊一圈半後，把整個麵團翻過來。

一次發酵

5 包上保鮮膜，繼續在室溫中放置30分鐘，接著放進冰箱蔬果室，放置最短6小時～最長2天。
6 麵團膨脹到兩倍以上後便發酵完成。從冰箱取出麵團，在室溫下靜置30分鐘。
＊室溫若在25℃以上，麵團不用回復到室溫，直接整形即可。

整形

7 麵團表面撒上手粉（高筋麵粉，額外份量），然後將刮板插進麵團與調理盆之間，分離麵團與調理盆，再將調理盆翻過來倒出麵團。
8 將麵團從邊緣往中心摺疊並滾成圓形，再把麵團翻過來繼續滾圓，使麵團表面飽滿光滑。
9 在烘焙紙四個角剪出缺口，然後鋪到與鍋子差不多大小的調理盆中。
10 讓麵團的收口朝上，並將麵團壓平，然後與P.27起司鄉村麵包的步驟 **10** 相同，分3次將撕碎的藍起司包進去麵團裡。最後捏緊並關閉麵團的收口，收口朝下放進步驟 **9** 的調理盆中。

二次發酵

11 包上保鮮膜，靜置於室溫下45分鐘讓麵團發酵。

預熱

12 在烘烤的20分鐘前，把鍋子與烤盤放進烤箱裡預熱到250℃。

裝飾

13 麵團表面撒上手粉（高筋麵粉，額外份量），劃出割紋。

烘烤

14 從烤箱中取出鍋子（鍋子很燙，請小心燙傷），接著連同烘焙紙把麵團放進鍋中，蓋上鍋蓋用250℃烤22分，然後移開蓋子再用230℃烤約22分鐘。

＊20 cm為有蓋25分鐘＆無蓋25分鐘。
22 cm為有蓋25分鐘＆無蓋30分鐘。

a

b

鄉村麵包的多種用途

這邊將介紹使用到鄉村麵包的其他料理作法。
每道都好吃到值得特地花時間烤鄉村麵包呢！

分撕麵包

在鄉村麵包上劃開格子狀的缺口，然後夾進餡料回爐烘烤的聚會料理。
除了常見的培根＆洋香菜之外，這裡還會介紹鹹甜滋味的楓糖堅果口味。

楓糖堅果

材料

鄉村麵包	18 or 20 cm 1 個
奶油起司	100 g
奶油	30 g
烤堅果	30 g
楓糖漿	3 大匙

＊22cm的材料為1.5倍的量

作法

1 鄉村麵包用刀子劃出麵包底部不至於斷掉的格子狀深溝。

2 奶油與奶油起司回復到室溫，並與1大匙楓糖漿事先混合均勻。

3 在鄉村麵包的深溝中均勻塗滿 **2**，並夾進堅果。

4 放進鍋內並加蓋，用220℃烤箱烤8分鐘，接著移開鍋蓋再烤8分鐘。烘烤後淋上2大匙的楓糖漿。

培根＆洋香菜

材料

鄉村麵包	18 or 20 cm 1 個
培根	50 g
乳酪絲	70 g
奶油	40 g
鹽	¼ 小匙
大蒜（磨泥）	1 小匙
洋香菜（切末）	2 小匙

＊22cm的材料為1.5倍的量

作法

1 鄉村麵包用刀子劃出麵包底部不至於斷掉的格子狀深溝。

2 奶油回復到室溫，並與鹽、大蒜泥、洋香菜混在一起，製作成香蒜奶油。培根切成2cm寬的長條狀。

3 在鄉村麵包的深溝中均勻塗滿香蒜奶油，並夾進培根與乳酪絲。

4 放進鍋內並加蓋，用220℃烤箱烤8分鐘，接著移開鍋蓋再烤8分鐘。

焗烤洋蔥濃湯

將鄉村麵包泡在熬得濃稠綿密的濃湯中，並撒上滿滿的起司。
吸滿湯汁精華的鄉村麵包可說是絕品。
請趁熱分裝，大家一起享用吧。

材料（使用18㎝的鍋子）

鄉村麵包	90g（¼個18㎝麵包）
洋蔥	大顆1顆
奶油	10g
白酒	¼杯
水	3杯
法式清湯粉（顆粒）	5g
鹽	⅓小匙
乳酪絲	50g

作法

1 鄉村麵包切成薄片，並用烤麵包機烘烤到酥脆。接著將洋蔥切成薄片。

2 用中火加熱鍋子，放進奶油，將洋蔥炒到變成黃褐色。

3 加進白酒並煮滾後，再加進水、法式清湯粉與鹽並繼續煮到滾。

4 讓鄉村麵包浮在 **3**，上面撒上乳酪絲。然後在220℃烤箱中不加鍋蓋烤15分鐘，等起司融化後就完成了。可以隨喜好撒上黑胡椒。

麵包布丁

即使麵包變硬了也能搖身一變成為美味甜點。
加進喜歡的水果一起烤也很棒。比起熱熱吃，放冷後再吃會更美味。
用蘭姆酒葡萄乾南瓜鄉村麵包來做會更好吃喔。

材料（使用18㎝的鍋子）

鄉村麵包	90g（¼個18㎝麵包）
雞蛋	2個
砂糖	30g
牛奶	200g
蘭姆酒	1小匙
糖粉	適量
奶油	適量

作法

1 鄉村麵包切成2～3㎝的丁，然後在鍋子內側塗上一層薄薄的奶油。

2 雞蛋、砂糖、牛奶、蘭姆酒放進調理盆裡，再用打蛋器攪拌後，倒進鍋中，然後表皮朝上放進鄉村麵包。

3 放置30分鐘以上，讓鄉村麵包充分吸收蛋液後，就用預熱到220℃的烤箱不加鍋蓋烘烤20分鐘。放涼後就可以撒上糖粉了。

基礎的牛奶麵包
作法→P.50

整形成圓麵包
作法→P.52

part2
軟麵包

staub鑄鐵鍋也適合烤軟麵包。
加進油與牛奶製作的麵團放進鍋子烤，
受熱更均勻、更溫和，
能烤出濕潤鬆軟的絕佳口感。

整形成手撕麵包
作法→P.54

基礎的牛奶麵包

不用揉捏即可輕易製作的基礎牛奶麵包味道清爽，能與各式各樣的餡料搭配。
嘗試看看圓麵包與手撕麵包兩種不同的整形方式吧。

材料	18 cm	20 cm	22 cm
高筋麵粉	200 g	260 g	300 g
鹽	3 g	4 g	5 g
砂糖	20 g	26 g	30 g
乾酵母	2 g	2.5 g	3 g
A 水	50 g	65 g	75 g
牛奶	100 g	130 g	150 g
油	10 g	13 g	15 g

 揉麵

1 準備材料。
＊雖然各自測量並準備每項材料也可以，但其實習慣後只要把調理盆放在秤上面，就可以一邊加入材料一邊測量，這樣要洗的調理盆比較少，收拾起來也更輕鬆。

2 調理盆中放進量好的乾酵母。

3 加進量好的 **A**。
＊關於水溫請參照P.11的Q & A。

4 用打蛋器攪拌乾酵母到溶解。
＊就算沒有完全溶解也沒關係，只要稍微攪拌一下就可以了。

5 依序加入量好的砂糖、高筋麵粉與鹽。

6 用橡膠刮刀攪拌。

7 開始產生黏性後改用刮板，繼續攪拌約3分鐘直到沒有粉狀感。

8 包上保鮮膜，置於室溫下30分鐘。

9 用沾濕的手將調理盆邊的麵團捏起來，然後往麵團中央摺疊。這個動作要沿著調理盆邊做一圈半。

＊這個動作稱為翻麵，有增強麵團的麵筋，讓麵團膨脹更順利的效果。

⌣ 一次發酵

10 把整個麵團翻過來，使光滑的面朝上。

11 包上保鮮膜，繼續靜置於室溫下30分鐘，然後在麵團的頂部貼上紙膠帶做標記，並放進冰箱蔬果室內最短6小時～最長2天讓麵團發酵。

＊若想在室溫下進行一次發酵並於當天烘烤，可以參照P.10的Q&A。

12 膨脹到兩倍以上後就發酵完畢了。將麵團從冰箱取出，在室溫下放置30分鐘。

＊如果麵團沒什麼膨脹，就放在室溫中直到麵團膨脹起來。

○ 成形

13 在麵團表面撒上手粉（高筋麵粉，額外份量），然後將刮板插進麵團與調理盆之間環繞一圈，將麵團剝離。

14 把調理盆倒蓋，用手指或刮板協助把麵團倒出來。取出麵團時盡量輕柔一些。

麵團的狀態

◯ 整形成圓麵包

15 接下來要對取出的麵團進行整形。

16 從麵團邊緣向中心摺疊，把麵團整理成圓形。

17 麵團摺疊後的樣子。

18 把麵團翻過來。

19 用雙手將表面的麵團塞進麵團下方，進一步將麵團滾圓。

20 一邊旋轉麵團，一邊將麵團滾圓，讓麵團表面呈現光滑飽滿的樣子，接著暫時讓麵團休息。

準備

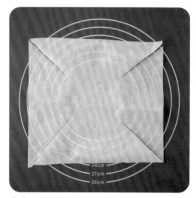

21 將烘焙紙裁切成比鍋子大一圈的方形，然後從四個角往中心剪出缺口。

22 把烘焙紙鋪在鍋子中。

23 再次將麵團往下方塞，整理成圓形，使表面光滑飽滿。這麼做可以讓麵團在烘烤後呈現更漂亮的形狀。

24 把麵團翻過來，捏緊並關閉收口。

25 麵團收口朝下放進鋪好烘焙紙的鍋子裡。

26 用手輕輕壓平麵團表面，讓麵團可以塞滿整個鍋子。

 # 二次發酵

 # 預熱

 # 裝飾

27 透過烤箱的發酵功能，讓麵團在烤箱內以35℃進行二次發酵50分鐘。膨脹一圈後就取出鍋子。

28 將一片烤盤放進烤箱內，並預熱到200℃。

29 麵團表面用毛刷塗上蛋液（額外份量，若沒有的話可改用牛奶）。

 # 烘烤

烘烤完成

30 鍋子放進烤箱，不加鍋蓋直接以180℃烤20分鐘。
＊20cm為23分鐘，22cm為26分鐘。

31 從烤箱中取出鍋子，再捏著烘焙紙的邊緣取出麵包，放到網架上冷卻。

◯ 整形成手撕麵包

15 在取出的麵團表面撒上少量手粉（高筋麵粉，額外份量）。

16 用刮板分割成6塊。

17 測量分割後的麵團，調整到每塊約63g左右的重量。

＊20 cm為約82 g，22 cm為約95 g。

準備

18 把原本接觸揉麵墊的那一面當成表面，然後將麵團滾圓，使麵團表面光滑飽滿。

19 翻過來捏緊並關閉收口，再以同樣方式滾圓其他的麵團。

20 烘焙紙裁切成比鍋子大一圈的方形，然後從四個角往中心剪出缺口，並鋪到鍋子裡。

＊烘焙紙的裁切方式請參照前面圓麵包的作法。

21 再次將麵團滾圓，使麵團表面飽滿，然後翻過來捏緊、關閉收口。

22 在鍋子中心放置一塊麵團。

23 剩下的5個麵團圍著放在中心的麵團排成一圈。

二次發酵

24 透過烤箱的發酵功能，讓麵團在烤箱內以35℃進行二次發酵50分鐘。膨脹一圈後就取出鍋子。

25 二次發酵後的麵團。

預熱

26 將一片烤盤放進烤箱內，並預熱到200℃。

⊕ 裝飾

27 麵團表面用濾茶網篩進手粉（高筋麵粉，額外份量）。

烘烤

28 鍋子放進烤箱，不加鍋蓋直接以180℃烤20分鐘。
* 20 cm為23分鐘，22 cm為26分鐘。

烘烤完成

29 從烤箱中取出鍋子，再捏著烘焙紙的邊緣取出麵包，放到網架上冷卻。

手撕紅豆麵包

基礎的牛奶麵包與紅豆內餡簡直是絕配。這裡我做成了包進紅豆泥的手撕紅豆麵包。
表面塗上蛋液可以讓麵包帶有光澤與漂亮烤色，看起來更像經典的紅豆麵包。

材料	18 cm	20 cm	22 cm
高筋麵粉	150 g	200 g	225 g
鹽	3 g	3 g	4 g
砂糖	15 g	20 g	22 g
乾酵母	1.5 g *	2 g	2 g
A 水	35 g	50 g	55 g
牛奶	75 g	100 g	110 g
油	8 g	10 g	12 g
紅豆泥	150 g	200 g	220 g
白芝麻	適量	適量	適量

* 1.5 g = ½ 小匙

⊜揉麵～○整形

1 麵團作法與 P.50 的基礎牛奶麵包
步驟 **1**～**14** 相同。
2 用刮板取出麵團，分成 6 等份並
滾圓。接著收口朝上，把麵團壓
扁、壓開（中心稍厚，而邊緣壓扁），
然後各自放上⅙量的紅豆泥包起來
（a），再將收口捏緊並關閉（b），最
後收口朝下放進鍋子裡。

◎二次發酵～回預熱

3 用烤箱的發酵功能，讓麵團在
烤箱內以 35℃ 進行二次發酵 50 分
鐘，然後取出麵團，放進烤盤預熱
到 200℃。

⊕裝飾

4 表面用毛刷塗上蛋液（額外份
量），中心則放上白芝麻。

回烘烤

5 烤箱設定成 180℃，不加鍋蓋烘
烤 20 分鐘。

* 20 cm 為 23 分鐘，22 cm 為 26 分鐘。

a　b

手撕鹹奶油麵包

深受歡迎的鹹麵包也可以用鑄鐵鍋烘烤，這麼一來奶油也不會流得到處都是。
麵團吸收了奶油的巧妙微鹹滋味讓人上癮。

材料	18 cm	20 cm	22 cm
基礎的牛奶麵包麵團（P.50）			
有鹽奶油	60 g	70 g	90 g
粗鹽	適量	適量	適量

準備

1 有鹽奶油切成 6 等份，然後包上
保鮮膜放進冰箱冷藏。

⊜揉麵～○整形

2 麵團作法與 P.50 的基礎牛奶麵包
步驟 **1**～**14** 相同，整形方式也與
手撕紅豆麵包相同，最後再將麵團
放進鍋內即可。唯一的差異在於包
進各塊麵團的是⅙量的奶油。

◎二次發酵～回預熱

3 用烤箱的發酵功能，讓麵團在
烤箱內以 35℃ 進行二次發酵 50 分
鐘，然後取出麵團，放進烤盤預熱
到 230℃。

⊕裝飾

4 每塊麵團中央放上一撮粗鹽。

回烘烤

5 烤箱設定成 210℃，不加鍋蓋烘
烤 20 分鐘。

* 20 cm 為 23 分鐘，22 cm 為 26 分鐘。

起司火鍋麵包

分兩次加進起司，起司就不會變得太硬，口感滑順濃稠。

我稍微減少了基礎麵團的砂糖量，讓麵包更適合日常食用。由於剛出爐時很燙，取用麵包時請使用叉子等餐具。

材料	18 cm	20 cm	22 cm
高筋麵粉	150 g	200 g	225 g
鹽	3 g	3 g	4 g
砂糖	8 g	10 g	12 g
乾酵母	1.5 g *	2 g	2 g
A 水	35 g	50 g	55 g
牛奶	75 g	100 g	110 g
油	8 g	10 g	12 g
乳酪絲	120 g	160 g	180 g
牛奶	15 g	20 g	22 g
大蒜（磨泥）	少許	少許	少許

＊ 1.5 g = ½ 小匙

⊜ 揉麵

1 調理盆中依序放進量好的乾酵母與 A，並用打蛋器攪拌。

＊關於水溫請參照 P. 11 的 Q & A。

2 接著依序加進量好的砂糖、高筋麵粉、鹽，並用橡膠刮刀攪拌。產生黏性後改用刮板，繼續攪拌到沒有粉狀感為止。

3 包上保鮮膜，在室溫下靜置 30 分鐘後，用沾濕的手將麵團從調理盆邊往中央摺疊。摺疊一圈半後，把整個麵團翻過來。

⊜ 一次發酵

4 包上保鮮膜，繼續在室溫中放置 30 分鐘，接著放進冰箱蔬果室，靜置最短 6 小時～最長 2 天。

5 麵團膨脹到兩倍以上後便發酵完成。從冰箱取出麵團，在室溫下靜置 30 分鐘。

○ 整形

6 麵團表面撒上手粉（高筋麵粉，額外份量），然後將刮板插進麵團與調理盆之間，分離麵團與調理盆，再將調理盆倒蓋，輕柔地倒出麵團。

7 麵團分割成 10 等份並滾圓。

8 將四個角都剪出缺口的烘焙紙鋪到鍋子裡，並再次將麵團滾圓，讓麵團表面保持光滑飽滿，然後捏緊、關閉收口。最後收口朝下，圍著中心將麵團排成一圈（a）。

⊜ 二次發酵

9 用烤箱的發酵功能，讓麵團在烤箱內以 35℃ 進行二次發酵 40 分鐘。麵團膨脹一圈後就從烤箱裡取出鍋子。

▤ 預熱

10 將烤盤放進烤箱裡，並預熱到 200℃。

▣ 烘烤

11 中心塞入一半份量的乳酪絲，然後將烤箱設定成 180℃，不加鍋蓋烘烤 18 分鐘。

＊ 20 cm 為 22 分，22 cm 為 25 分。

⊕ 裝飾

12 在小鍋中放進剩下的乳酪絲、牛奶與大蒜泥，以中火加熱的同時用橡膠刮刀攪拌。待乳酪絲都融化後，倒進烤好的麵包中央，就大功告成了（b）。

a

b

黑糖葡萄乾麵包

黑糖層次豐富的甜味與葡萄乾有著絕佳的契合度。
只要加進常用來為黑糖麵包添色的糖蜜，就能將黑糖麵包烤出漂亮的顏色與深厚的滋味。

材料	18 cm	20 cm	22 cm
高筋麵粉	200 g	260 g	300 g
鹽	3 g	4 g	5 g
乾酵母	2 g	2.5 g	3 g
A 糖蜜	15 g	20 g	22 g
黑糖	25 g	32 g	37 g
牛奶	135 g	175 g	200 g
油	10 g	13 g	15 g
葡萄乾	50 g	65 g	75 g

準備

1 葡萄乾先淋上熱水軟化，並將水分瀝乾。黑糖若有結塊，就盡可能弄成碎末，並溶於牛奶中。

◯揉麵

2 調理盆中依序放進量好的乾酵母與A，並用打蛋器攪拌（a）。
＊關於水溫請參照P.11的Q&A。
3 接著依序加進量好的高筋麵粉與鹽，用橡膠刮刀攪拌。產生黏性後改用刮板，繼續攪拌到沒有粉狀感，最後再加進葡萄乾並攪拌均勻（b）。
4 包上保鮮膜，在室溫下靜置30分鐘後，用沾濕的手將麵團從調理盆邊往中央摺疊。摺疊一圈半後，把整個麵團翻過來。

◯一次發酵

5 包上保鮮膜，繼續在室溫中放置30分鐘，接著放進冰箱蔬果室，靜置最短6小時～最長2天。
6 麵團膨脹到兩倍以上後便發酵完成。從冰箱取出麵團，在室溫下靜置30分鐘。

◯ 整形

7 麵團表面撒上手粉（高筋麵粉，額外份量），然後將刮板插進麵團與調理盆之間，分離麵團與調理盆，再將調理盆倒蓋，輕柔地倒出麵團。
8 麵團分割成4等份並滾圓。
9 將四個角都剪出缺口的烘焙紙鋪到鍋子裡，並再次將麵團滾圓，讓麵團表面保持光滑飽滿，然後捏緊、關閉收口。最後收口朝下，將麵團排列在鍋內。

◯二次發酵

10 用烤箱的發酵功能，讓麵團在烤箱內以35℃進行二次發酵50分鐘。麵團膨脹一圈後就從烤箱裡取出鍋子。

◯預熱

11 將烤盤放進烤箱裡，並預熱到200℃。

◯烘烤

12 在麵團表面撒上手粉（高筋麵粉，額外份量）。烤箱設定成180℃，不加鍋蓋烘烤20分鐘。
＊20 cm為23分鐘，22 cm為26分鐘。

糖蜜是甘蔗或甜菜在製成食糖的過程中產出的副產品。

a

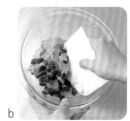

b

玉米麵包

使用整整一罐玉米罐頭，讓麵包吸收玉米罐頭汁液裡的甘甜，吃起來滿口都是玉米香氣。
製作時要注意玉米粒若沒有好好瀝乾水分便攪拌進去，可能會使麵團變得鬆弛無筋，口感不佳。

材料	18 cm	20 cm	22 cm
高筋麵粉	200 g	260 g	300 g
鹽	3 g	4 g	5 g
砂糖	20 g	26 g	30 g
乾酵母	2 g	2.5 g	3 g
玉米罐頭（固體使用量）	1 罐（80 g）	1 罐（105 g）	1 罐半（120 g）
A 牛奶（與玉米汁液合計）	125 g	160 g	185 g
油	10 g	13 g	15 g

準備

1 把玉米罐頭倒進濾網中，分離玉米粒及汁液，並瀝乾玉米粒的水分（a）。

＊仍要保留玉米汁液。

揉麵

2 調理盆中依序放進量好的乾酵母與A，並用打蛋器攪拌。

＊關於水溫請參照P.11的Q & A。

3 接著依序加進量好的砂糖、高筋麵粉與鹽，並用橡膠刮刀攪拌。產生黏性後改用刮板，繼續攪拌到沒有粉狀感為止。最後再混進玉米粒，並攪拌到均勻。

4 包上保鮮膜，在室溫下靜置30分鐘後，用沾濕的手將麵團從調理盆邊往中央摺疊。摺疊一圈半後，把整個麵團翻過來。

一次發酵

5 包上保鮮膜，繼續在室溫中放置30分鐘，接著放進冰箱蔬果室，靜置最短6小時～最長2天。

6 麵團膨脹到兩倍以上後便發酵完成。從冰箱取出麵團，在室溫下靜置30分鐘。

整形

7 麵團表面撒上手粉（高筋麵粉，額外份量），然後將刮板插進麵團與調理盆之間，分離麵團與調理盆，再將調理盆倒蓋，輕柔地倒出麵團。

8 麵團從邊緣往中心摺疊並滾成圓形，再把麵團翻過來繼續滾圓，使麵團表面光滑飽滿。

9 將四個角都剪出缺口的烘焙紙鋪到鍋子裡，並再次將麵團滾圓，使麵團表面保持光滑，然後捏緊並關閉收口。最後麵團收口朝下放進鍋內。

10 用手壓平麵團表面，讓麵團能塞滿整個鍋子。

二次發酵

11 用烤箱的發酵功能，讓麵團在烤箱內以35℃進行二次發酵50分鐘。麵團膨脹一圈後就從烤箱裡取出鍋子。

預熱

12 將烤盤放進烤箱裡，並預熱到200℃。

烘烤

13 在麵團表面撒上手粉（高筋麵粉，額外份量）。烤箱設定成180℃，不加鍋蓋烘烤20分鐘。

＊20 cm為23分鐘，22 cm為26分鐘。

a

核桃卡門貝爾起司麵包

用揉進核桃的麵團包起一整塊卡門貝爾起司,是一款奢華的麵包。
整形成三角形後,就連形狀看起來也像是卡門貝爾起司。

材料	18 cm	20 cm	22 cm
高筋麵粉	180 g	235 g	270 g
全粒粉	20 g	25 g	30 g
鹽	3 g	4 g	5 g
砂糖	15 g	20 g	22 g
乾酵母	2 g	2.5 g	3 g
A 水	130 g	170 g	195 g
油	10 g	13 g	15 g
核桃	40 g	50 g	60 g
卡門貝爾起司	1塊（100 g）	1塊（100 g）	1½塊（150 g）

準備

1 將卡門貝爾起司切成6等份。核桃送進170℃烤箱烘烤8分鐘後放置到冷卻,再用手捏碎。

揉麵

2 調理盆中依序放進量好的乾酵母與A,並用打蛋器攪拌。

＊關於水溫請參照P.11的Q＆A。

3 接著依序加進量好的砂糖、高筋麵粉、全粒粉與鹽,並用橡膠刮刀攪拌。產生黏性後改用刮板,繼續攪拌到沒有粉狀感為止。最後再加進核桃並攪拌均勻。

4 包上保鮮膜,在室溫下靜置30分鐘後,用沾濕的手將麵團從調理盆邊往中央摺疊。摺疊一圈半後,把整個麵團翻過來。

一次發酵

5 包上保鮮膜,繼續在室溫中放置30分鐘,接著放進冰箱蔬果室,靜置最短6小時～最長2天。

6 麵團膨脹到兩倍以上後便發酵完成。從冰箱取出麵團,在室溫下靜置30分鐘。

整形

7 麵團表面撒上手粉（高筋麵粉,額外份量）,然後將刮板插進麵團與調理盆之間,分離麵團與調理盆,再將調理盆倒蓋,輕柔地倒出麵團。

8 麵團分成6等份並滾圓。

9 將四個角都剪出缺口的烘焙紙鋪到鍋子裡。接著收口朝上並將麵團壓平,然後各自放上⅙塊卡門貝爾起司,並按照起司的形狀把麵團包成三角形,再關閉收口（a）,最後排進鍋子裡（b）。

二次發酵

10 用烤箱的發酵功能,讓麵團在烤箱內以35℃進行二次發酵50分鐘。麵團膨脹一圈後就從烤箱裡取出鍋子。

預熱

11 將烤盤放進烤箱裡,並預熱到200℃。

烘烤

12 麵團表面撒上手粉（高筋麵粉,額外份量）。烤箱設定成180℃,不加鍋蓋烘烤20分鐘。

＊20 cm為23分鐘,22 cm為26分鐘。

a

b

猴子麵包

猴子麵包是一種起源於美國的手撕麵包。把搓成小圓的麵團塞進模具裡，並藉由糖漿黏住每塊麵團。
完成後翻過來倒進盤子上，就可以跟大家一起撕著享用囉。

材料	18 cm	20 cm	22 cm
高筋麵粉	140 g	180 g	210 g
鹽	2.5 g	3 g	3.5 g
砂糖	14 g	18 g	20 g
乾酵母	1.5 g *	2 g	2 g
A 水	35 g	45 g	50 g
牛奶	70 g	90 g	105 g
油	7 g	8 g	9 g
香蕉	1 根	大1 根	1½ 根
核桃	30 g	40 g	45 g
黑糖	45 g	60 g	65 g
肉桂粉	2 g	2.5 g	3 g

＊ 1.5 g ＝ ½ 小匙

準備

1 核桃用170℃烘烤8分鐘後放置到冷卻。黑糖與肉桂粉先混在一起。

揉麵

2 調理盆中依序放進量好的乾酵母與A，並用打蛋器攪拌。
＊關於水溫請參照 P.11 的 Q & A。

3 接著依序加進量好的砂糖、高筋麵粉與鹽，並用橡膠刮刀攪拌。產生黏性後改用刮板，繼續攪拌到沒有粉狀感為止。

4 包上保鮮膜，在室溫下靜置30分鐘後，用沾濕的手將麵團從調理盆邊往中央摺疊。摺疊一圈半後，把整個麵團翻過來。

一次發酵

5 包上保鮮膜，繼續在室溫中放置30分鐘，接著放進冰箱蔬果室，靜置最短6小時～最長2天。

6 麵團膨脹到兩倍以上後便發酵完成。從冰箱取出麵團，在室溫下靜置30分鐘。

整形

7 麵團表面撒上手粉（高筋麵粉，額外份量），然後將刮板插進麵團與調理盆之間，分離麵團與調理盆，再將調理盆倒蓋，輕柔地倒出麵團。

8 麵團整形成長方形後從短邊切對半，讓長方形變成長條形，接著約每20g切成1小塊（a）並滾圓。

二次發酵

9 將香蕉縱向切對半後，再切成1cm寬的小塊。鍋子鋪上烘焙紙，底面用毛刷塗上回復成室溫的奶油（額外份量），接著撒進一半份量的核桃、香蕉及⅓量的黑糖肉桂粉（b）。

10 將再次滾圓的麵團等間隔地排列進鍋內，並在縫隙裡塞進剩下的核桃、香蕉，然後均勻地撒上剩下的黑糖肉桂粉（c）。接著在麵團表面噴水霧，將黑糖噴到濕潤的程度。由於黑糖會溶解，使麵團黏在一起，因此關鍵就在於排列麵團與塞進核桃、香蕉時，要盡量均勻地填滿縫隙。

11 用烤箱的發酵功能，讓麵團在烤箱內以35℃進行二次發酵50分鐘。麵團膨脹一圈後就從烤箱裡取出鍋子。

預熱

12 將烤盤放進烤箱裡，並預熱到200℃。

烘烤

13 烤箱設定成180℃，不加鍋蓋烘烤22分鐘。
＊20 cm為25分鐘，22 cm為28分鐘。

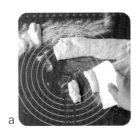
a

b

c

原味佛卡夏
作法→P.70

山椒佛卡夏
作法→P.71

番茄佛卡夏
作法→P.71

原味佛卡夏

既然用鍋子做麵包，那當然就要試試加水量多的佛卡夏麵團。
麵團烤起來不會鬆垮，水分也不會蒸發過多，能烤出彈牙濕潤的口感。

材料	18 cm	20 cm	22 cm
高筋麵粉	130 g	170 g	200 g
鹽	2.5 g	3 g	4 g
砂糖	6 g	8 g	9 g
乾酵母	1 g	1.5 g＊	1.5 g＊
A 水	100 g	130 g	150 g
橄欖油	6 g	8 g	9 g
配料			
粗鹽	適量	適量	適量
迷迭香	1支	1支	1½支
橄欖油（裝飾用）	適量	適量	適量

＊1.5 g＝½小匙

〇 揉麵

1 調理盆中依序放進量好的乾酵母與A，並用打蛋器攪拌。

＊關於水溫請參照P.11的Q&A。

2 接著依序加進量好的砂糖、高筋麵粉與鹽，並用橡膠刮刀攪拌到沒有粉狀感為止。

3 包上保鮮膜，在室溫下靜置30分鐘後，用沾濕的手將麵團從調理盆邊往中央摺疊。摺疊一圈半後，把整個麵團翻過來。

〇 一次發酵

4 包上保鮮膜，繼續在室溫中放置30分鐘，接著放進冰箱蔬果室，靜置最短6小時～最長2天。

5 麵團膨脹到兩倍以上後便發酵完成。從冰箱取出麵團，在室溫下靜置30分鐘。

〇 整形

6 麵團表面撒上手粉（高筋麵粉，額外份量），然後將刮板插進麵團與調理盆之間，分離麵團與調理盆，再將調理盆倒蓋，輕柔地倒出麵團。

7 麵團從邊緣往中心摺疊並滾成圓形，然後捏緊關閉收口。

8 將四個角都剪出缺口的烘焙紙鋪到鍋子裡，並將**7**收口朝下放進鍋中。麵團表面用手壓平，讓麵團能擠滿整個鍋子（a）。

〇 二次發酵

9 用烤箱的發酵功能，讓麵團在烤箱內以35℃進行二次發酵50分鐘。麵團膨脹一圈後就從烤箱裡取出鍋子。

〇 預熱

10 將烤盤放進烤箱裡，並預熱到220℃。

⊕ 裝飾

11 橄欖油（裝飾用）塗到麵團表面，並用手指在整個麵團上戳出直達底部的孔洞（b）。接著把迷迭香插進孔中（c），並在整個麵團撒上粗鹽。

〇 烘烤

12 烤箱設定成200℃，不加鍋蓋烘烤20分鐘。烘烤完成後再淋上些許橄欖油（裝飾用）。

＊20 cm為22分鐘，22 cm為25分鐘。

a

b

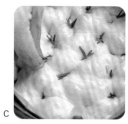
c

番茄佛卡夏

這是將番茄汁當作水分，使整個麵團呈現鮮豔紅色的佛卡夏。裝飾在上面的小番茄非常多汁！家庭聚會時端出這道佛卡夏，肯定能得到大家的讚賞。

材料	18 cm	20 cm	22 cm
高筋麵粉	130 g	170 g	200 g
鹽	2.5 g	3 g	4 g
砂糖	6 g	8 g	9 g
乾酵母	1 g	1.5 g *	1.5 g *
A 番茄汁（無添加食鹽）	105 g	136 g	157 g
番茄醬	5 g	7 g	8 g
橄欖油	5 g	7 g	8 g
乾燥羅勒	1 小匙	1 小匙多	1½ 小匙
小番茄	6 顆	8 顆	9 顆
粗鹽	適量	適量	適量
橄欖油（裝飾用）	適量	適量	適量

* 1.5 g = ½ 小匙

🝁揉麵～🝁預熱

1 作法與原味佛卡夏的步驟 **1～10** 相同。不同之處在於混合粉類材料時要加進乾燥羅勒。

⊕ 裝飾

2 橄欖油（裝飾用）塗到麵團表面，並用手指在整個麵團上戳出直達底部的孔洞。接著把小番茄切半，再塞進洞裡（a），並在整個麵團撒上粗鹽。

🝁烘烤

3 烘烤方式與原味佛卡夏相同。

a

山椒佛卡夏

這是在原味佛卡夏裡混入山椒提味，偏向大人口味的佛卡夏。
若選用附有研磨器的山椒粒，就可以享受到現磨山椒的濃烈香氣。

材料	18 cm	20 cm	22 cm
原味佛卡夏麵團（P.70）			
山椒粉	¼ 小匙	¼ 小匙多	¼ 小匙多
粗鹽、橄欖油（裝飾用）	適量	適量	適量

🝁揉麵～🝁預熱

1 作法與原味佛卡夏的步 **1～10** 相同。不同之處在於混合粉類材料時要加進山椒粉。

⊕ 裝飾

2 橄欖油（裝飾用）塗到麵團表面，並用手指在整個麵團上戳出直達底部的孔洞。接著在整個麵團撒上山椒粉（額外份量）與粗鹽（a）。

🝁烘烤

3 烘烤方式與原味佛卡夏相同。

a

蜂蜜布里歐麵包
作法→P.74

聖托佩塔
作法→P.75

藍莓奶油起司塔
作法→P.75

73

蜂蜜布里歐麵包

布里歐麵包最大的難點在於要加入很多奶油與雞蛋，容易使口感變得乾巴巴的。
不過只要放進鑄鐵鍋，受熱就能更溫和，烤出綿柔濕潤的口感。蜂蜜也有提高麵團保濕性的效果。

材料	18 cm	20 cm	22 cm
高筋麵粉	120 g	160 g	180 g
低筋麵粉	30 g	40 g	45 g
鹽	3 g	4 g	4 g
乾酵母	1.5 g *	2 g	2 g
A 蜂蜜	20 g	25 g	30 g
雞蛋（先保留1大匙作其他用途）	1 顆	1 顆	1 顆半
牛奶（與上面的雞蛋合計）	115 g	150 g	175 g
奶油	20 g	25 g	30 g
珍珠糖	適量	適量	適量

＊ 1.5 g ＝ ½ 小匙

準備

1 奶油放進耐熱容器，用微波爐加熱到融化。

◯揉麵

2 調理盆中依序放進量好的乾酵母、A以及 **1** 的奶油，並用打蛋器攪拌。

＊關於水溫請參照 P.11 的 Q & A。

3 接著依序加進量好的高筋麵粉、低筋麵粉與鹽，並用橡膠刮刀攪拌到沒有粉狀感為止。

4 包上保鮮膜，在室溫下靜置30分鐘後，用沾濕的手將麵團從調理盆邊往中央摺疊。摺疊一圈半後，把整個麵團翻過來。

◯一次發酵

5 包上保鮮膜，繼續在室溫中放置30分鐘，接著放進冰箱蔬果室，靜置最短6小時～最長2天。

6 麵團膨脹到兩倍以上後便發酵完成。從冰箱取出麵團，在室溫下靜置30分鐘。

◯整形

7 麵團表面撒上手粉（高筋麵粉，額外份量），然後將刮板插進麵團與調理盆之間，分離麵團與調理盆，再將調理盆倒蓋，輕柔地倒出麵團。

8 麵團從邊緣往中心摺疊，再把麵團翻過來繼續滾圓，使麵團表面光滑飽滿。

9 將四個角都剪出缺口的烘焙紙鋪到鍋子裡，並再次將麵團滾圓，使麵團表面保持光滑，然後捏緊並關閉收口。接著收口朝下，將麵團放進鍋內。麵團表面用手壓平，讓麵團能擠滿整個鍋子

◯二次發酵

10 用烤箱的發酵功能，讓麵團在烤箱內以35℃進行二次發酵50分鐘。麵團膨脹一圈後就從烤箱裡取出鍋子。

◯預熱

11 將烤盤放進烤箱裡，並預熱到200℃。

⊕裝飾

12 用毛刷沾取事先保留的1大匙蛋液，塗到麵團表面，然後均勻撒上珍珠糖（a）。

◯烘烤

13 烤箱設定成180℃，不加鍋蓋烘烤20分鐘。

＊ 20 cm為22分鐘，22 cm為25分鐘。

a

珍珠糖
一種提煉自甜菜的結晶糖粒，可以在烘焙材料行購買。

聖托佩塔

這是一種在布里歐麵包裡夾進卡士達醬，源自於南法的點心麵包。
若夾進冰涼的卡士達醬，布里歐麵包吃起來也會相當爽口。這裡一併介紹基本的卡士達醬作法。

材料	18 cm	20 · 22 cm
蜂蜜布里歐麵包	1 個	1 個
A 蛋黃	2 顆	3 顆
砂糖	45 g	70 g
香草精	2 滴	3 滴
低筋麵粉	15 g	22 g
牛奶	200 g	300 g

準備

1 烤蜂蜜布里歐麵包，並放置到冷卻。

2 製作卡士達醬。調理盆裡放進 A 並用打蛋器攪拌，再篩入低筋麵粉，仔細攪拌均勻。

3 鍋中放進牛奶，用中火溫熱後倒進 **2** 之中，用打蛋器攪拌。接著倒回去鍋裡，用中小火煮到沸騰、變得黏稠為止，其間約 3 分鐘的時間不斷用打蛋器攪拌。

4 倒進鐵盤裡，再貼著卡士達醬蓋上保鮮膜，待降溫後放進冰箱冷藏。

⊕ 裝飾

5 蜂蜜布里歐麵包攔腰對切，然後將 **4** 的卡士達醬稍作攪拌後夾進麵包裡。

藍莓奶油起司塔

把布里歐麵包的麵團壓扁後放上奶油起司與藍莓，做成塔型的料理。
由於冷凍水果的水分較多，因此請使用新鮮的水果。

材料	18 cm	20 cm	22 cm
高筋麵粉	55 g	70 g	80 g
低筋麵粉	15 g	20 g	25 g
鹽	1 g	1.5 g	1.5 g
乾酵母	0.75 g *	1 g	1 g
A 蜂蜜	10 g	12 g	14 g
雞蛋	20 g	25 g	28 g
牛奶	20 g	25 g	28 g
奶油	10 g	12 g	14 g
配料			
奶油起司	50 g	65 g	75 g
藍莓	80 g	105 g	120 g
砂糖	20 g	25 g	30 g

＊ 0.75 g = ¼ 小匙

🍲 揉麵～🍲 一次發酵

1 與蜂蜜布里歐麵包的 **1**～**6** 相同。

準備

2 奶油起司回復到常溫，並與一半份量的砂糖拌在一起。

○ 整形

3 取出麵團，表面與背面都撒上手粉（高筋麵粉，額外份量），然後用擀麵棍把麵團擀成比鍋底直徑大 2 cm 左右的圓形。

4 在四個角都剪出缺口的烘焙紙上放上 **3**，除了邊緣 2 cm 的地方外，其餘部分都塗上 **2**。最後把藍莓與剩下的砂糖拌在一起，再放到麵團上，最後將麵團邊緣往內側折（a）。

🍲 二次發酵

5 將 **4** 放進鍋內，置於常溫下 45 分鐘（冬天 60 分鐘），進行二次發酵。

🍲 預熱～🍲 烘烤

6 烤盤放進烤箱，並預熱到 210℃。

7 用刷毛將蛋液（額外份量）塗到麵團邊緣。

8 烤箱 190℃，不加鍋蓋烤 18 分鐘。

＊ 20 cm 為 20 分鐘，22 cm 為 22 分鐘。

a

土耳其風芝麻麵包

這次我嘗試用鍋子烤出能在土耳其的攤販看到，撒上滿滿芝麻的圓圈型麵包「Simit」。
縮短二次發酵的時間，就能做出軟彈的口感。

材料	18 cm	20 cm	22 cm
高筋麵粉	150 g	200 g	220 g
低筋麵粉	50 g	60 g	80 g
鹽	4 g	5 g	6 g
砂糖	5 g	6 g	7 g
乾酵母	2 g	2.5 g	3 g
水	110 g	145 g	165 g
白芝麻	適量	適量	適量
蜂蜜	½ 小匙	½ 小匙	½ 小匙

揉麵

1 調理盆中依序放進量好的乾酵母與水，並用打蛋器攪拌。
＊關於水溫請參照 P.11 的 Q & A。

2 接著依序加進量好的砂糖、高筋麵粉、低筋麵粉與鹽，並用橡膠刮刀攪拌。產生黏性後改用刮板，繼續攪拌到沒有粉狀感為止。

3 包上保鮮膜，在室溫下靜置30分鐘後，用沾濕的手將麵團從調理盆邊往中央摺疊。摺疊一圈半後，把整個麵團翻過來。

一次發酵

4 包上保鮮膜，繼續在室溫中放置30分鐘，接著放進冰箱蔬果室，靜置最短6小時～最長2天。

5 麵團膨脹到兩倍以上後便發酵完成。從冰箱取出麵團，在室溫下靜置30分鐘。

整形

6 麵團表面撒上手粉（高筋麵粉，額外份量），然後將刮板插進麵團與調理盆之間，分離麵團與調理盆，再將調理盆倒蓋，輕柔地倒出麵團。

7 麵團分割成2等份並滾圓，再蓋上乾淨的布靜置10分鐘。

8 麵團收口朝上，並用手掌壓平後，將麵團上下對折，然後再對折後滾成棒狀（a），最後把收口捏緊、關閉。

9 將2個麵團滾成約65 cm的長度，然後絞在一起做成一條（b）。

10 從外側向內側捲起來（c）。麵團的兩端要塞進內側，以免兩端露出表面。

11 用少許的水（額外份量）稀釋蜂蜜，然後用毛刷塗到麵團表面。接著將麵團放進撒滿了白芝麻的鐵盤裡，讓麵團黏滿白芝麻（d）。

二次發酵

12 將四個角都剪出缺口的烘焙紙鋪到鍋子裡，然後放進 **11**，再透過烤箱的發酵功能，讓麵團在烤箱內以35℃進行二次發酵30分鐘。麵團膨脹一圈後就從烤箱裡取出鍋子。

預熱

13 將烤盤放進烤箱裡，並預熱到220℃。

烘烤

14 烤箱設定成200℃，不加鍋蓋烘烤22分鐘。
＊20 cm為25分鐘，22 cm為28分鐘。

a

b

c

d

披薩餃式麵包

在麵團裡包進自製的披薩醬、起司、生火腿與羅勒葉，再進爐烘烤的大型披薩餃風格麵包。
剛烤好的麵包吃起來同時有著酥脆＆鬆軟口感，溢出麵團的起司令人食指大動。

材料	18 cm	20 cm	22 cm
高筋麵粉	100 g	130 g	150 g
低筋麵粉	30 g	40 g	45 g
鹽	2 g	3 g	3 g
砂糖	8 g	10 g	12 g
乾酵母	1.5 g *	2 g	2 g
A 水	70 g	90 g	105 g
橄欖油	6 g	8 g	9 g
內餡			
生火腿	25 g	30 g	35 g
乳酪絲	30 g	40 g	45 g
羅勒葉	6 枚	8 枚	9 枚
披薩醬			
番茄泥	3 大匙	4 大匙	4.5 大匙
大蒜（磨泥）	⅓ 瓣份	½ 瓣份	½ 瓣份
鹽	¼ 小匙	¼ 小匙	¼ 小匙多
砂糖	½ 小匙	½ 小匙	½ 小匙多

＊ 1.5 g = ½ 小匙

◯揉麵

1 調理盆中依序放進量好的乾酵母與 A，並用打蛋器攪拌。

＊關於水溫請參照 P.11 的 Q & A。

2 接著依序加進量好的砂糖、高筋麵粉、低筋麵粉與鹽，並用橡膠刮刀攪拌。產生黏性後改用刮板，繼續攪拌到沒有粉狀感為止。

3 包上保鮮膜，在室溫下靜置 30 分鐘後，用沾濕的手將麵團從調理盆邊往中央摺疊。摺疊一圈半後，把整個麵團翻過來。

◎一次發酵

4 包上保鮮膜，繼續在室溫中放置30 分鐘，接著放進冰箱蔬果室，靜置最短 6 小時～最長 2 天。

5 麵團膨脹到兩倍以上後便發酵完成。從冰箱取出麵團，在室溫下靜置 30 分鐘。

準備

6 將披薩醬的材料放進調理盆中，事先攪拌均勻。

◯ 整形

7 麵團表面撒上手粉（高筋麵粉，額外份量），然後將刮板插進麵團與調理盆之間，分離麵團與調理盆，再將調理盆倒蓋，輕柔地倒出麵團。

8 麵團分割成 2 等份並滾圓，然後蓋上乾淨的布靜置 10 分鐘。接著麵團撒上手粉，用擀麵棍將麵團擀得比鍋底再稍微大一點。

9 在四個角都剪出缺口的烘焙紙上放上 1 片 **8** 的麵團，然後保留麵團

邊緣 2 cm 的空間，其餘部分依順序放上披薩醬、生火腿、羅勒葉與乳酪絲（a）。

10 另一片麵團蓋在 **9** 的上面，然後將邊緣往內側折起來，關閉麵團（b）。接著用叉子在表面打孔（c）。

◎二次發酵

11 把 **10** 放進鍋內，並透過烤箱的發酵功能，讓麵團在烤箱內以 35℃進行二次發酵 30 分鐘。麵團膨脹一圈後就從烤箱裡取出鍋子。

▣預熱

12 將烤盤放進烤箱裡，並預熱到 250℃。

▣烘烤

13 烤箱設定成 230℃，不加鍋蓋烘烤 22 分鐘。

＊ 20 cm 為 25 分鐘，22 cm 為 28 分鐘。

a

b

c

胡椒餅

在揉進奶油的簡易派皮裡，包進滿滿豬肉與蔥的內餡，就是台灣著名的小吃「胡椒餅」。
五香粉的香氣是一大重點。若使用肥肉較多的絞肉，吃起來會更多汁。

材料	18 cm	20 cm	22 cm
高筋麵粉	100 g	130 g	150 g
低筋麵粉	30 g	40 g	45 g
鹽	2 g	2.5 g	3 g
砂糖	6 g	8 g	9 g
乾酵母	1.5 g *	2 g	2 g
A 水	75 g	98 g	112 g
油	4 g	5 g	6 g
奶油	35 g	45 g	50 g
白芝麻	適量	適量	適量
內餡			
豬絞肉	200 g	260 g	300 g
鹽	⅓小匙	⅓小匙多	½小匙
醬油	1大匙	1⅓大匙	1½大匙
芝麻油	1大匙	1⅓大匙	1½大匙
五香粉	½小匙	½小匙多	¾小匙
粗粒黑胡椒	1 g	1 g	1.5 g
青蔥	30 g	40 g	45 g

* 1.5 g = ½小匙

◯ 揉麵～◯ 一次發酵

1 麵團作法與 P.79 披薩餃式麵包的步驟 1～5 相同，並讓麵團進行一次發酵。

準備

2 接下來製作內餡。首先將青蔥切末，然後在調理盆裡放進豬絞肉與鹽，不斷揉捏至產生黏性，最後加進剩下的其他內餡材料，並攪拌均勻。奶油要事先冰鎮好。

◯ 整形

3 麵團表面撒上手粉（高筋麵粉，額外份量），再用刮板輕輕取出麵團，將麵團整形為正方形。奶油撒上充分的手粉，然後用擀麵棍敲打，把奶油敲成比麵團小一圈的正方形。

4 奶油斜向放置在麵團上，然後沿著對角線用麵團把奶油包起來，並確實地關閉麵團（a）。

5 用擀麵棍把麵團擀成縱長形，並折成三折，接著轉 90 度，再次把麵團擀成縱長形，並折成三折（b）。

6 將麵團擀成薄的長方形後切成 6 等份（c），放到鐵盤等器皿上並包上保鮮膜，放到冰箱冷藏 10 分鐘。

* 若是 20 cm鍋子同樣切 6 等份，而若是 22 cm鍋子則切 8 等份。

7 從冰箱取出 6，每次只取出 1 片，並擀成薄的正方形。把 2 的內餡分成數等份，放到麵團上並包起來，然後關閉收口（d）。

◯ 二次發酵

8 將四個角都剪出缺口的烘焙紙鋪到鍋子裡，然後收口朝下，把 7 排到鍋中。接著用烤箱的發酵功能，在烤箱內以 30℃ 進行二次發酵 45 分鐘。膨脹一圈後就從烤箱裡取出鍋子。

▣ 預熱

9 烤盤放進烤箱，並預熱到250℃。

⊕ 裝飾

10 在麵團表面噴水霧，然後撒上滿滿的白芝麻。

◯ 烘烤

11 烤箱設定成230℃，不加鍋蓋烘烤23分鐘。

* 20 cm為26分鐘，22 cm為30分鐘。

a

b

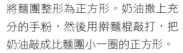
c

d

五香粉　常用於中華料理的調味料。可在超市購買。

肉桂捲
作法→ P.84

蘋果丹麥捲
作法→P.86

火腿洋蔥捲
作法→P.87

肉桂捲

誕生於北歐的肉桂捲，搭配奶油起司糖霜簡直是天作之合。
雖然我是把麵團放進很受歡迎的 Blazer 鑄鐵淺燉鍋來烘烤，不過用 Pico Cocotte Round 圓形鑄鐵鍋也能做。

材料	18 cm	20 cm	22 cm・Blazer
高筋麵粉	160 g	210 g	250 g
鹽	3 g	4 g	5 g
砂糖	16 g	21 g	25 g
乾酵母	1.5 g *	2 g	2.5 g
A 雞蛋	25 g	30 g	40 g
牛奶	80 g	105 g	125 g
奶油	13 g	17 g	20 g
餡料			
奶油	15 g	20 g	25 g
肉桂粉	5 g	6 g	7 g
砂糖	30 g	40 g	45 g
糖霜			
奶油起司	25 g	35 g	40 g
砂糖	15 g	20 g	22 g
奶油	15 g	20 g	22 g
檸檬汁	少許	少許	少許

＊ 1.5 g ＝ ½ 小匙

照片中的是 24 cm 的 Blazer Saute Pan 鑄鐵淺燉鍋。份量與 22 cm 的 Pico Cocotte Round 圓形鑄鐵鍋相同。

準備

1 將 A 的奶油用微波爐加熱融化。

◯揉麵

2 調理盆中依序放進量好的乾酵母與 A，並用打蛋器攪拌。

＊關於水溫請參照 P.11 的 Q & A。

3 接著依序加進量好的砂糖、高筋麵粉與鹽，並用橡膠刮刀攪拌。產生黏性後改用刮板，繼續攪拌到沒有粉狀感為止。

4 包上保鮮膜，在室溫下靜置 30 分鐘後，用沾濕的手將麵團從調理盆邊往中央摺疊。摺疊一圈半後，把整個麵團翻過來。

◯一次發酵

5 包上保鮮膜，繼續在室溫中放置 30 分鐘，接著放進冰箱蔬果室，靜置最短 6 小時～最長 2 天。

6 麵團膨脹到兩倍以上後便發酵完成。從冰箱取出麵團，在室溫下靜置 30 分鐘。

準備

7 接下來準備餡料。奶油回復到常溫，並與肉桂粉及砂糖混拌均勻。

◯整形

8 麵團表面撒上手粉（高筋麵粉，額外份量），然後將刮板插進麵團與調理盆之間，分離麵團與調理盆，再將調理盆倒蓋，輕柔地倒出麵團。

9 麵團撒上手粉（高筋麵粉，額外份量）。若使用 22 cm 或 Blazer 鍋，就用擀麵棍將麵團擀成縱長 20 × 橫長 40 cm 的大小。先將橫長擀開來會比較好作業。

＊ 18 cm 與 20 cm 鍋為縱長 20 × 橫長 35 cm。

10 保留下面的邊 1 cm 的空間，其餘部分放上 **7**。

11 從上面將麵團捲起來。

12 最後將尾端捏緊並關閉。

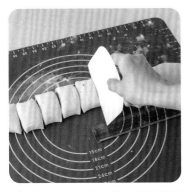

13 若是Blazer鍋，就用刮板將麵團切成12個3cm寬的小麵團。

＊18cm與20cm鍋為7個5cm寬，22cm鍋為10個4cm寬。

14 將四個角都剪出缺口的烘焙紙鋪到鍋子裡，並切面朝上放進麵團。

◎二次發酵

15 用烤箱的發酵功能，讓麵團在以35℃進行二次發酵50分鐘。

16 麵團膨脹一圈，填滿整個鍋子的縫隙後，就從烤箱裡取出鍋子。

◎預熱

17 將烤盤放進烤箱裡，並預熱到200℃。

◎烘烤

18 表面用毛刷塗上蛋液（額外份量），然後將烤箱設定成180℃。Blazer鍋不加鍋蓋要烘烤23分鐘。

＊18cm鍋20分鐘，20cm鍋為23分鐘，22cm鍋為26分鐘。

⊕裝飾

19 用來製作糖霜的奶油起司與奶油先回復到室溫，再與其他材料仔細攪拌均勻。最後用湯匙放到經過降溫的肉桂捲表面。

蘋果丹麥捲

將甜煮蘋果滿滿地包進麵團中做成的奢華麵包。蘋果建議選用酸味鮮明的紅玉蘋果。
保留原始口感的蘋果與帶著焦香的杏仁果，能讓麵包吃起來更有層次。

材料	18 cm	20 cm	22 cm
肉桂捲的麵團（P.84）			
杏仁果切片	適量	適量	適量
甜煮蘋果			
蘋果	1顆	1顆	1顆半
砂糖	20 g	20 g	30 g
檸檬汁	8 g	8 g	12 g

準備

1 首先製作甜煮蘋果。蘋果削皮後切成1.5 cm左右的蘋果丁，放進小鍋內與砂糖、檸檬汁拌在一起，然後靜置10分鐘。出水後以小火煮約5分鐘（22 cm為10分），煮到保留原本口感的硬度即可。接著放置到降溫，再放到篩網上把水分瀝乾，最後用廚房紙巾擦乾表面的水分。

◎揉麵～◎一次發酵

2 作法與肉桂捲的步驟 **1**～**6** 相同。

○ 整形

3 麵團表面撒上手粉（高筋麵粉，額外份量），然後將刮板插進麵團與調理盆之間，分離麵團與調理盆，再將調理盆倒蓋，輕柔地倒出麵團。

4 麵團撒上手粉（高筋麵粉，額外份量），再用擀麵棍將麵團擀成縱長20×橫長35 cm的大小。先將橫長擀開來會比較好作業。

＊20 cm鍋的話大小相同，22 cm鍋為縱長20×橫長40 cm。

5 保留麵團下面的邊2 cm的空間，其餘部分放上甜煮蘋果（b），接著從上面往下捲，最後把尾端捏起來關閉麵團。

6 用刮板將麵團切成7個5 cm寬的小麵團。

＊20 cm相同，22 cm為10個4 cm寬。

7 鍋子鋪上烘焙紙，再把 **6** 切面朝上放進鍋內（c）。

◎二次發酵

8 用烤箱的發酵功能，讓麵團在烤箱內以35℃進行二次發酵50分鐘。麵團膨脹一圈後就從烤箱裡取出鍋子。

🔲預熱

9 烤盤放進烤箱，並預熱到200℃。

c

⊕裝飾

10 表面用毛刷塗上蛋液（額外份量），再撒上杏仁果切片。

🔲烘烤

11 烤箱設定成180℃，不加鍋蓋烘烤24分鐘。

＊20 cm為28分鐘，22 cm為32分鐘。

a

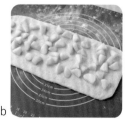

b

火腿洋蔥捲

我將經典的鹹麵包，火腿捲做成了手撕麵包的形式。內餡豐富，也適合當作早餐。
烘烤時淋上美乃滋，就搖身一變成了孩子們的最愛。

材料	18 cm	20 cm	22 cm
肉桂捲的麵團（P.84）			
里肌火腿	70 g	90 g	105 g
洋蔥	60 g	80 g	90 g
美乃滋	適量	適量	適量
洋香菜（若有的話）	適量	適量	適量

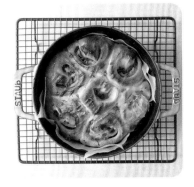

準備
1 洋蔥切成薄片。

◎揉麵～◎一次發酵
2 作法與肉桂捲的步驟 **1**～**6** 相同。

○ 整形
3 麵團表面撒上手粉（高筋麵粉，額
外份量），然後將刮板插進麵團與調
理盆之間，分離麵團與調理盆，再
將調理盆倒蓋，輕柔地倒出麵團。
4 麵團撒上手粉（高筋麵粉，額外份
量），再用擀麵棍將麵團擀成縱長
20 × 橫長 35 cm 的大小。先將橫長
擀開來會比較好作業。
＊20 cm為縱長20 × 橫長35 cm，22 cm為
縱長20 × 橫長40 cm。
5 保留麵團下面的邊 2 cm 的空間，
其餘部分依順序放上火腿、洋蔥
（a），接著從上面往下捲，最後把尾
端捏起來關閉麵團。
6 用刮板將麵團切成 7 個 5 cm 寬的
小麵團。
＊20 cm相同，22 cm為 10 個 4 cm寬。
7 鍋子鋪上烘焙紙，再把 **6** 切面朝
上放進鍋內（b）。

◎二次發酵
8 用烤箱的發酵功能，讓麵團在
烤箱內以 35℃ 進行二次發酵 50 分
鐘。麵團膨脹一圈後就從烤箱裡取
出鍋子。

回預熱
9 烤盤放進烤箱，並預熱到200℃。

⊕裝飾
10 表面用毛刷塗上蛋液（額外份
量），再均勻淋上美乃滋與洋香菜。

b

回烘烤
11 烤箱設定成 180℃，不加鍋蓋
烘烤22分鐘。
＊20 cm為25分鐘，22 cm為28分鐘。

a

可以用10cm鍋子烤的小麵包

直徑僅10cm的Pico Cocotte Round圓形鑄鐵鍋，也是麵包烘焙的好幫手。
加蓋後烘烤，就能烤出表面平坦，而且能用少量的油來油炸的麵包。
手掌大小的可愛麵包，最適合當作早餐或點心。

英式瑪芬
作法→P.90

漢堡麵包
作法→P.91

咖哩麵包
作法→P.92

英式瑪芬

加蓋後烘烤，就會變成表面平坦的英式瑪芬！
關鍵在於讓麵包發酵、膨脹到Pico Cocotte的七分滿大小。

材料	10cm　2鍋份
高筋麵粉	70g
鹽	1.5g
砂糖	5g
乾酵母	1g
A 水	50g
油	3g
碎玉米粒	適量

◯揉麵

1 調理盆中依序放進量好的乾酵母與A，並用打蛋器攪拌。
＊關於水溫請參照P.11的Q＆A。
2 接著依序加進量好的砂糖、高筋麵粉與鹽，並用橡膠刮刀攪拌。產生黏性後改用刮板，繼續攪拌到沒有粉狀感為止。
3 包上保鮮膜，在室溫下靜置30分鐘後，用沾濕的手將麵團從調理盆邊往中央摺疊。摺疊一圈半後，把整個麵團翻過來。

◯一次發酵

4 包上保鮮膜，繼續在室溫中放置30分鐘，接著放進冰箱蔬果室，靜置最短6小時～最長2天。
5 麵團膨脹到兩倍以上後便發酵完成。從冰箱取出麵團，在室溫下靜置30分鐘。

◯整形

6 麵團表面撒上手粉（高筋麵粉，額外份量），然後將刮板插進麵團與調理盆之間，分離麵團與調理盆，再將調理盆倒蓋，輕柔地倒出麵團。
7 麵團分割成2等份並滾圓。
8 將回復到室溫的奶油（額外份量），用毛刷塗到鍋子與鍋蓋內側。
9 再次將麵團滾圓，使麵團表面保持光滑飽滿，然後關閉收口。整個麵團噴上水霧，再放到鐵盤上，黏滿碎玉米粒（a）。

◯二次發酵

10 把**9**放進鍋內，用烤箱的發酵功能，讓麵團在烤箱內以30℃進行二次發酵約35分鐘。麵團膨脹到鍋子七分滿後就從烤箱裡取出鍋子。

◯預熱

11 將烤盤放進烤箱裡，並預熱到200℃。

◯烘烤

12 烤箱設定成180℃，加蓋烘烤12分鐘，接著移開蓋子再用180℃烤3分鐘。

a

漢堡麵包

來製作簡直像在漢堡店販售的專業漢堡麵包吧。
放進鍋子裡就能烤出漂亮的圓形。口感扎實，只吃一個也很有飽足感！

材料	10 cm　2 鍋份
高筋麵粉	60 g
低筋麵粉	10 g
鹽	1.5 g
砂糖	7 g
乾酵母	1 g
A 雞蛋	13 g
牛奶	35 g
油	5 g
白芝麻	適量

〇揉麵

1 調理盆中依序放進量好的乾酵母與 A，並用打蛋器攪拌。
＊關於水溫請參照 P.11 的 Q & A。
2 接著依序加進量好的砂糖、高筋麵粉、低筋麵粉與鹽，並用橡膠刮刀攪拌。產生黏性後改用刮板，繼續攪拌到沒有粉狀感為止。
3 包上保鮮膜，在室溫下靜置 30 分鐘後，用沾濕的手將麵團從調理盆邊往中央摺疊。摺疊一圈半後，把整個麵團翻過來。

〇一次發酵

4 包上保鮮膜，繼續在室溫中放置 30 分鐘，接著放進冰箱蔬果室，靜置最短 6 小時～最長 2 天。
5 麵團膨脹到兩倍以上後便發酵完成。從冰箱取出麵團，在室溫下靜置 30 分鐘。

〇整形

6 麵團表面撒上手粉（高筋麵粉，額外份量），然後將刮板插進麵團與調理盆之間，分離麵團與調理盆，再將調理盆倒過蓋，輕柔地倒出麵團。
7 麵團分割成 2 等份並滾圓。
8 將回復到室溫的奶油（額外份量）用毛刷塗到鍋子內側。接著再次將麵團滾圓，使麵團表面保持光滑飽滿，並關閉收口，最後收口朝下放進鍋中。

〇二次發酵

9 用烤箱的發酵功能，讓麵團在烤箱內以 35℃ 進行二次發酵約 45 分鐘。麵團膨脹一圈後，就從烤箱裡取出鍋子。

〇預熱

10 將烤盤放進烤箱裡，並預熱到 200℃。

〇裝飾

11 表面用毛刷塗上蛋液（額外份量），再撒上白芝麻。

〇烘烤

12 烤箱設定成 180℃，不加鍋蓋烘烤 15 分鐘。

適合漢堡麵包的牛肉漢堡排作法

材料（2 個份）
牛絞肉　200 g
鹽　2 g
雞蛋　½ 顆份
麵包粉　2 大匙
肉豆蔻、胡椒　各少許

作法
1 調理盆中放進牛絞肉與鹽，仔細揉捏到產生黏性為止。接著加進並混合剩下的材料，分成 2 等份，整形成平坦的圓形肉片。
2 平底鍋倒進油（額外份量），再用中火將肉片的兩面都煎熟。

咖哩麵包

若用直火加熱10cm的Pico Cocotte Round，即使只用1大匙的油也能炸麵包。
使用玉米片當作麵衣，就能做出鬆鬆脆脆的口感。由於麵團容易燒焦，請用很弱的文火來油炸。

材料	10cm　2鍋份
英式瑪芬的麵團（P.90）	×1
咖哩粉	2g
玉米片（無糖）	適量
乾咖哩（方便做的份量）	
A 大蒜、生薑（磨泥）	各1片份
咖哩粉	1大匙
橄欖油	1大匙
洋蔥	½顆
鹽	1小匙
豬絞肉	200g
B 番茄泥、椰漿	各3大匙

◎揉麵

1 作法與英式瑪芬的步驟**1**～**3**相同。不同的是咖哩粉與高筋麵粉一同加進去。

◎一次發酵

2 包上保鮮膜，繼續在室溫中放置30分鐘，接著放進冰箱蔬果室，靜置最短6小時～最長2天。

3 麵團膨脹到兩倍以上後便發酵完成。從冰箱取出麵團，在室溫下靜置30分鐘。

準備

4 製作乾咖哩。鍋中放進**A**的橄欖油並加熱後，再加進**A**其他材料一同爆香。

5 產生香氣後加進切末的洋蔥與鹽，翻炒到洋蔥軟嫩後，再加進豬絞肉繼續炒到絞肉變色為止。

6 加進**B**燉煮。水分太多會很難包進麵團，因此要確實煮乾水分，再放置到冷卻（a）。

7 冷卻後，取30g用2個保鮮膜各自包起來。

＊剩下的可放進冷凍庫，能保存約1個月。

○整形

8 麵團表面撒上手粉（高筋麵粉，額外份量），然後將刮板插進麵團與調理盆之間，分離麵團與調理盆，再將調理盆倒蓋，輕柔地倒出麵團。

9 麵團分割成2等份並滾圓，然後收口朝上，將麵團壓平。壓平麵團時正中間稍微厚一點，而邊緣薄一點。

a

10 麵團各自包進乾咖哩，然後關閉收口。

11 整個麵團都噴上水霧，接著黏滿放在盤子上的玉米片。

12 鍋子與鍋蓋內側用毛刷塗上油（額外份量），再放進麵團。

◎二次發酵

13 用烤箱的發酵功能，讓麵團在烤箱內以30℃進行二次發酵約40分鐘。麵團膨脹到鍋子八分滿就發酵完成了。

◎烘烤

14 從麵團的邊緣倒進1大匙的油（額外份量）。

15 用微弱的直火直接加熱鍋子，當油開始冒出麵團邊緣後就蓋上鍋蓋，用半煎炸的方式炸麵包。

16 側面的麵團變硬後，插進長筷把麵團上下翻過來，再次加蓋用文火油炸總共10分鐘以上。注意不要讓麵團燒焦了。

鯖魚法式熟肉抹醬

適合搭配麵包的配料

這邊要介紹一些可以搭配手作麵包，讓麵包吃起來更美味的經典配料。
每一個都只要簡單攪拌就能完成。保存時間長達數天，做起來放著也沒關係。

無花果拌豆腐

即席德式酸菜風
高麗菜

濃郁草莓奶油

鯖魚法式熟肉抹醬

沒有魚腥味又好入口，使用鯖魚罐頭的熟肉抹醬。
可搭配任何烤過的麵包或吐司。

材料（方便做的份量）

鯖魚罐頭	60 g
奶油	60 g
鹽	¼小匙
檸檬汁	1小匙

作法

奶油回復到室溫，接著加進把水分
瀝乾的鯖魚罐頭、鹽與檸檬汁，用
叉子攪拌。

＊可在冰箱保存約5天。

無花果拌豆腐

加進楓糖漿與奶油起司，就成了百搭的麵包配料。
也能搭配味噌鄉村麵包。

材料（方便做的份量）

無花果	2顆
嫩豆腐	80 g
奶油起司	20 g
楓糖漿	½大匙
白芝麻醬	1大匙
鹽	2撮
杏仁果（烘焙）	3粒

作法

1 嫩豆腐用廚房紙巾包起來，放在
鐵盤或盤子上，再用鍋子等重物壓
1個小時以上，把水分壓乾。奶油
起司回復到室溫。
2 將1放進調理盆中，再加入楓糖
漿、白芝麻醬與鹽，用打蛋器攪拌
到光滑。最後與剝皮並切成6等份
的無花果拌在一起，再撒上敲碎的
杏仁果。

＊可在冰箱保存約2天。

即席德式酸菜風高麗菜

這是不用經過發酵就能快速做好的醋漬高麗菜。
能與火腿一起做成開放式三明治。
孜然的口感與香氣能為高麗菜提味。

材料（方便做的份量）

高麗菜	100 g
鹽	3 g
白酒醋	1大匙
孜然	½小匙

作法

1 高麗菜切碎，放進調理盆裡並撒
鹽，靜置10分鐘。接著用手揉緊高
麗菜，把多餘的水分擠掉。
2 加進白酒醋與孜然拌勻。

＊可在冰箱保存約3天。

濃郁草莓奶油

使用大量草莓的自製草莓奶油。這是親手製作才
能享用到的奢華濃郁風味。

材料（方便做的份量）

草莓	50 g
砂糖	30 g
奶油	50 g

作法

1 草莓切成4片，與砂糖一同放進
小鍋用中火加熱。草莓一邊煮，一
邊用刮刀稍微壓爛，約煮5分鐘。
煮到刮刀在攪拌時能劃出軌跡就差
不多可以了。
2 奶油切成薄片，加進1中，並用
打蛋器攪拌。最後移到保存容器裡
再放進冰箱，約10分鐘後會開始凝
固，這時再次用湯匙攪拌。

＊可在冰箱保存約5天。

池田愛實

慶應義塾大學文學院畢業。曾於藍
帶廚藝學校東京分校麵包科學習，
並擔任過該校助理，之後前往法國
留學。曾在2間榮獲M.O.F.的烘焙
坊工作。在湘南・辻堂主持麵包教
室「crumb」，並在Zwilling的廚
藝教室中，以外聘講師的身分開設
用Staub鑄鐵鍋烤麵包的講座。著
有《藍帶麵包師的美味佛卡夏》
（台灣東販）、《レーズン酵母で
作るプチパンとお菓子》（文化出
版局）等書。

設計　若山嘉代子　L'espace
攝影　相馬ミナ
造型　駒井京子
烹飪助理　增田藍美　野上律子　土屋朋子
編輯　佐々木素子
DTP　佐藤尚美（L'espace）

材料協力　TOMIZ（富澤商店）https://tomiz.com/
　　　　　042-776-6488

道具協力　STAUB（ストウブ）
　　　　　ツヴィリング J.A. ヘンケルス ジャパン
　　　　　https://www.staub-online.com/jp/ja/home.html
　　　　　0120-75-7155

staub鑄鐵鍋
自宅麵包烘焙術

出　　　　版／楓葉社文化事業有限公司
地　　　　址／新北市板橋區信義路163巷3號10樓
郵 政 劃 撥／19907596　楓書坊文化出版社
網　　　　址／www.maplebook.com.tw
電　　　　話／02-2957-6096
傳　　　　真／02-2957-6435
著　　　　者／池田愛實
翻　　　　譯／林農凱
責 任 編 輯／王綺
內 文 排 版／謝政龍
校　　　　對／邱怡嘉
港 澳 經 銷／泛華發行代理有限公司
定　　　　價／320元
出 版 日 期／2022年11月

國家圖書館出版品預行編目資料

staub鑄鐵鍋 自宅麵包烘焙術 / 池田愛實
作；林農凱譯. -- 初版. -- 新北市：楓葉社
文化事業有限公司, 2022.11　　面；　公分
ISBN　978-986-370-474-4（平裝）

1. 點心食譜 2. 麵包

427.16　　　　　　　　　　　111014404